"十二五"职业教育国家规划教材 修订版

结构化、模块化设计思想 | 校企深度融合，"双元"合作开发

网络综合布线
案例教程　　第3版

主　编◎裴有柱
副主编◎刘　通
参　编◎王同梅　马鸣阳　武冠

机械工业出版社
CHINA MACHINE PRESS

本书依据职业岗位要求，参照世界技能大赛"信息网络布线"赛项指南，从网络综合布线系统工程的实际应用出发，深入浅出地介绍了网络综合布线系统工程的基础知识、需求分析、设计原则与方法、通信介质与布线组件、施工实用技术、测试与验收、工程文档管理等内容，基本反映了目前综合布线领域的最新技术与成果。

本书以职业能力培养为导向，以网络综合布线系统工程真实案例为载体，采用项目管理、模块组合、任务驱动的方式编写，共分为 7 个模块和 1 个实训手册。具体内容包括开启综合布线之门、综合布线系统工程设计、通信介质与布线组件、综合布线工程施工、布线系统测试与验收、综合布线系统工程文档的编写与管理、综合布线产品。

本书内容丰富、体系完整、实用性强，可作为高职高专院校计算机及网络技术专业的教材，也可作为培训机构、继续教育的教材。

本书配有微课视频、电子课件、授课计划、习题答案。其中，微课视频扫描书中二维码即可观看；电子课件、授课计划、习题答案等教学资源可登录机械工业出版社教育服务网（www.cmpedu.com）免费注册和下载，或联系编辑索取（微信：13261377872，电话：010-88379739）。

图书在版编目（CIP）数据

网络综合布线案例教程 / 裴有柱主编. —3 版. —北京：机械工业出版社，2024.4

"十二五"职业教育国家规划教材：修订版

ISBN 978-7-111-75503-6

Ⅰ.①网… Ⅱ.①裴… Ⅲ.①计算机网络-布线-高等职业教育-教材 Ⅳ.①TP393.03

中国国家版本馆 CIP 数据核字（2024）第 066959 号

机械工业出版社（北京市百万庄大街 22 号　邮政编码 100037）
策划编辑：王海霞　李培培　　责任编辑：王海霞　李培培
责任校对：孙明慧　李　杉　　责任印制：邰　敏
中煤（北京）印务有限公司印刷
2024 年 7 月第 3 版第 1 次印刷
184mm×260mm・14 印张・358 千字
标准书号：ISBN 978-7-111-75503-6
定价：59.00 元（含实训手册）

电话服务　　　　　　　　网络服务
客服电话：010-88361066　　机　工　官　网：www.cmpbook.com
　　　　　010-88379833　　机　工　官　博：weibo.com/cmp1952
　　　　　010-68326294　　金　书　网：www.golden-book.com
封底无防伪标均为盗版　　　机工教育服务网：www.cmpedu.com

Preface 前 言

综合布线系统是信息时代的产物,是国家实现智能化、数字化的基础设施。它既能使数据、语音、图像设备和交换设备相连接,也能与其他信息管理系统彼此相连,并能使这些设备与外部通信网络相连接。

综合布线系统采用结构化和模块化设计思想,具有易于扩展、易于管理、易于兼容等特性,在我国被广泛应用。

本书以习近平新时代中国特色社会主义思想为引领,贯彻党的二十大精神,体现立德树人根本任务,依据综合布线系统工程施工人员的职业岗位要求,参照世界技能大赛"信息网络布线"赛项技术标准,摒弃传统编写模式,采用项目管理、模块组合、任务驱动的方式编写内容。

本书共分为7个模块,主要内容如下:

模块1 开启综合布线之门,以真实校园网的网络综合布线系统工程项目为实例,介绍项目内容、目标及要求,引出相关知识,包括定义、组成、特点、发展过程及前景,同时介绍国际、国内布线标准及布线工程所涉及的主要工作。

模块2 综合布线系统工程设计,通过工程项目需求分析,介绍布线设计、等级原则、流程和拓扑结构,并引入绘图工具软件,最后完成校园网项目工程设计。

模块3 通信介质与布线组件,根据实际工程需要,介绍了双绞线和光纤的特点、选用方法,同时对各种布线组件进行了说明。

模块4 综合布线工程施工,通过真实工程任务分析,介绍各种施工方法,包括各项准备工作,线缆、光缆及模块的制作等。

模块5 布线系统测试与验收,重点介绍了Fluke DSX-8000测试仪及其使用方法,工程验收相关标准与具体内容。

模块6 综合布线系统工程文档的编写与管理,介绍文档的分类、编写、管理与维护。重点强调招投标及验收文档的撰写与管理,同时结合案例给出真实工程合同文件。

模块7 综合布线产品,介绍国内外著名网络布线厂商、产品及选购。

为充分发挥专业课程的育人功能,体现新时代高校专业教学改革与创新,每个模块引入了素质育人元素;为了拓展学习空间,建立以学生为中心的自主学习环境,提供在线学习课程；为提高学习效果，帮助学生理解学习内容，提供电子课件、微课视频、授课计划、习题答案等辅助资源；为提升学生职业素质、动手能力和竞赛水平，提供竞赛指导方针和实训手册。

本书由天津滨海汽车工程职业学院裴有柱主编，刘通为副主编，参编的有王同梅、马鸣阳、武冠成。编写过程中得到了中软国际有限公司王占云高工的大力协助，他为本书提供了大量实用资料，在此表示感谢！

由于时间仓促，书中难免出现不妥之处，请读者批评、指正！

编　者

目录 Contents

前言

模块 1　开启综合布线之门 ·································· 1

1.1　项目　真实的综合布线系统 ············· 1
1.1.1　项目引入 ························· 1
1.1.2　功能要求 ························· 2
1.1.3　投标须知 ························· 5
1.2　知识链接——综合布线系统 ············· 5
1.2.1　什么是综合布线系统 ············· 5
1.2.2　综合布线系统的组成 ············· 5
1.2.3　综合布线系统的发展过程与前景 ··· 7
1.2.4　综合布线系统的特点 ············· 7
1.2.5　综合布线系统标准 ··············· 9
1.2.6　局域网综合布线 ················ 11
1.3　项目实现——布线工程六项工作 ······ 12
1.4　素养培育 ····························· 13
1.5　习题与思考 ··························· 14
1.5.1　填空题 ························· 14
1.5.2　思考题 ························· 14

模块 2　综合布线系统工程设计 ···························· 15

2.1　任务　综合布线系统设计 ··············· 15
2.1.1　任务引入 ························ 16
2.1.2　任务分析 ························ 16
2.2　知识链接——综合布线系统设计 ······ 16
2.2.1　综合布线系统设计概述 ·········· 16
2.2.2　综合布线系统设计内容 ·········· 19
2.2.3　综合布线系统子系统设计 ········ 20
2.2.4　综合布线工程图的设计与绘制 ··· 26
2.3　任务实施——工程设计案例 ············ 33
2.3.1　用户需求分析 ···················· 33
2.3.2　布线系统设计依据 ················ 33
2.3.3　布线工程子系统配置方案 ········ 34
2.3.4　工程实施内容 ···················· 36
2.3.5　布线系统保护 ···················· 37
2.3.6　信息中心布线位置 ················ 37
2.4　素养培育 ······························ 38
2.5　习题与思考 ····························· 39
2.5.1　填空题 ··························· 39
2.5.2　思考题 ··························· 39

模块 3　通信介质与布线组件 ······························ 40

3.1　任务 1　选择通信介质 ·················· 40
3.1.1　任务引入 ·························· 40

    3.1.2 任务分析 41
3.2 知识链接——通信介质 41
    3.2.1 同轴电缆 41
    3.2.2 双绞线 42
    3.2.3 光纤 48
    3.2.4 无线传输介质 51
3.3 任务实施——工程线缆选择 53
    3.3.1 选用光纤 53
    3.3.2 选用双绞线 54
3.4 任务 2 选择布线组件 54
    3.4.1 任务引入 54
    3.4.2 任务分析 55
3.5 知识链接——布线组件 55
    3.5.1 配线架 55
    3.5.2 面板、模块与底盒 58
    3.5.3 机柜 62
    3.5.4 管槽 64
    3.5.5 桥架 66
3.6 任务实施——工程布线组件选择 ... 69
    3.6.1 选用机柜 69
    3.6.2 选用配线架 69
    3.6.3 选用管槽 69
    3.6.4 选用模块、接口和面板 69
3.7 素养培育 70
3.8 习题与思考 70
    3.8.1 填空题 70
    3.8.2 选择题 71
    3.8.3 思考题 71

模块 4 综合布线工程施工 72

4.1 任务 1 综合布线施工准备 72
    4.1.1 任务引入 72
    4.1.2 任务分析 73
4.2 知识链接——施工准备 73
    4.2.1 建立施工环境 73
    4.2.2 熟悉施工图样 73
    4.2.3 施工现场准备 74
    4.2.4 施工工具准备 76
    4.2.5 施工过程中的注意事项 77
4.3 任务实施——工程施工准备 77
    4.3.1 成立施工管理队伍 77
    4.3.2 熟悉施工图样 78
    4.3.3 检查施工现场 78
    4.3.4 施工工具准备 78
4.4 任务 2 选择布线施工工具 78
    4.4.1 任务引入 78
    4.4.2 任务分析 79
4.5 知识链接——布线施工工具 79
    4.5.1 线缆整理工具 79
    4.5.2 线缆制作工具 79
    4.5.3 工程施工辅助工具 80
4.6 任务实施——工程施工工具 80
    4.6.1 线缆整理工具的使用 80
    4.6.2 线缆制作工具的使用 83
    4.6.3 工程施工辅助工具的使用 .. 87
4.7 任务 3 综合布线线缆施工 90
    4.7.1 任务引入 90
    4.7.2 任务分析 91
4.8 知识链接——线缆施工 91
    4.8.1 双绞线制作 91
    4.8.2 光缆施工 96
    4.8.3 管理间与设备间施工 96
4.9 任务实施——工程线缆施工 97
    4.9.1 双绞线直通 RJ-45 接头的制作 ... 97
    4.9.2 信息模块的制作 99
    4.9.3 双绞线布线 100
    4.9.4 双绞线连接和信息插座的端接 ... 102
    4.9.5 光缆施工 103

4.9.6　设备间施工 110
4.10　素养培育 112
4.11　习题与思考 112
4.11.1　填空题 112
4.11.2　思考题 113

模块 5　布线系统测试与验收 114

5.1　任务 1　综合布线系统测试 114
　5.1.1　任务引入 114
　5.1.2　任务分析 115
5.2　知识链接——综合布线系统测试 115
　5.2.1　综合布线系统测试分类 115
　5.2.2　认证测试标准 116
　5.2.3　测试链路模型 116
　5.2.4　常用测试参数 117
5.3　任务实施——工程系统测试 119
　5.3.1　常用的网络测试仪器 119
　5.3.2　双绞线网络测试 120
　5.3.3　光纤网络测试 131
　5.3.4　测试结果实例 132
5.4　任务 2　综合布线系统工程验收 133
　5.4.1　任务引入 133
　5.4.2　任务分析 133
5.5　知识链接——工程验收 134
　5.5.1　工程验收相关标准 134
　5.5.2　工程验收的具体内容 134
5.6　任务实施——工程项目验收 136
　5.6.1　线缆验收 136
　5.6.2　设备间验收 138
5.7　素养培育 139
5.8　习题与思考 139
　5.8.1　填空题 139
　5.8.2　思考题 139

模块 6　综合布线系统工程文档的编写与管理 140

6.1　任务　文档编写与管理 140
　6.1.1　任务引入 140
　6.1.2　任务分析 141
6.2　知识链接——工程文档 141
　6.2.1　工程文档的分类 141
　6.2.2　工程文档的编写 141
　6.2.3　工程文档的管理 144
6.3　任务实施——工程文档编写 145
　6.3.1　信息学院网络综合布线系统工程招标文档 145
　6.3.2　信息学院网络综合布线系统工程投标文档 147
　6.3.3　信息学院网络综合布线系统工程实施合同 148
　6.3.4　信息学院网络综合布线系统工程施工文档 152
　6.3.5　信息学院网络综合布线系统工程验收文档 155
6.4　素养培育 157
6.5　习题与思考 157
　6.5.1　填空题 157
　6.5.2　思考题 158

模块 7　综合布线产品 159

7.1　任务1　综合布线产品认知...... 159
7.1.1　任务引入 159
7.1.2　任务分析 159
7.2　知识链接——综合布线产品介绍 160
7.2.1　国内产品 160
7.2.2　国外产品 164
7.3　任务实施——查询布线产品信息 165
7.3.1　国内品牌公司网站 165
7.3.2　国外品牌公司网站 166
7.4　任务2　选购综合布线产品 166
7.4.1　任务引入 166
7.4.2　任务分析 166
7.5　知识链接——综合布线产品选购 167
7.5.1　综合布线产品选购原则 167
7.5.2　综合布线产品选购注意事项 167
7.5.3　选购双绞线产品 168
7.5.4　选购光纤产品 169
7.5.5　选购无线局域网产品 172
7.5.6　选择综合布线施工商 172
7.6　任务实施——综合布线产品选购 173
7.6.1　通信介质及网线接口产品 173
7.6.2　网络测试工具产品 173
7.7　素养培育 173
7.8　习题与思考 174
7.8.1　填空题 174
7.8.2　思考题 174

参考文献 175

模块 1　开启综合布线之门

 学习目标

【知识目标】

- 理解综合布线系统的概念。
- 熟悉综合布线系统的组成。
- 了解国际、国内综合布线标准。
- 知晓综合布线系统工程的主要工作。
- 掌握局域网的概念及布线特点。

【能力目标】

能够以真实的综合布线系统为导向进行项目管理与规划。

【竞赛目标】

对标"信息网络布线"赛项基本要求，熟悉 ISO/IEC 和 GB50311 系列标准的内涵。

【素养目标】

了解网络发展历史及自身与强国的差距，激发学生的爱国情怀和奋发图强的斗志。

综合布线系统（Generic Cabling System，GCS）是一种集成化传输系统，是在楼宇内或楼宇之间，利用双绞线或光纤传输信息，连接电话、计算机、会议电视和监控等设备的结构化信息传输系统。下面就以一个真实的工程项目为案例开启综合布线之门。

1.1　项目　真实的综合布线系统

为实现教学现代化、提高管理水平，信息学院拟组建自己的校园网，并接入 Internet。

1.1.1　项目引入

本工程项目需要进行楼内网络布线及建筑群之间的光纤敷设，把校园网的各信息点及主要网络设备，用标准的传输介质和模块化的系统结构，构成一个完整的信息化教学与管理综合布线系统，以此连接各办公室、教室、图书馆、机房及信息中心，形成分布式、开放式的网络环境。

信息学院主要有建筑 4 幢，分别是第 1、2、3、4 号楼。其中，第 1 号楼是多媒体教室用

楼，共 4 层，有多媒体教室 60 间，计划信息点 100 个。第 2 号楼是信息中心楼，共 5 层，包括网管中心、图书馆、网络实训中心、动漫制作中心及 12 个常用机房，计划信息点 200 个（注意：信息中心楼的布线工程是本书重点介绍的内容）。第 3 号楼是办公楼，共 4 层，包括办公室、会议室和报告厅，计划信息点 160 个。第 4 号楼是教学主楼，共 11 层，包括多媒体教室、普通教室和教师办公室，计划信息点 300 个。信息学院环境布局示意图如图 1-1 所示。

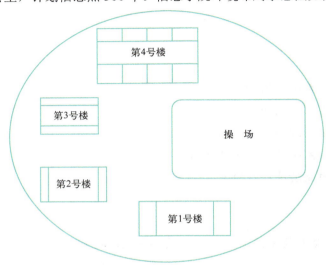

图 1-1　信息学院环境布局示意图

工程具体内容是：

1）信息中心楼（第 2 号楼）：5 层主控机房网络布线工程（强电、弱电布线，线缆整理，抗静电地板建造，机房隔断建设）。

2）第 1 号楼与第 2、3、4 号楼的主机房光纤连接敷设。

1.1.2　功能要求

根据信息学院环境布局和实际需要，经过实地测量，本工程项目应从总体要求、具体要求、工程目标、性能指标、施工范围等方面进行考虑，具体如下。

1．总体要求

1）本工程项目的目的在于建立一套先进、完善的布线系统，满足现实的需要，并兼顾未来发展的需要，使系统达到配置灵活、易于管理、易于维护、易于扩充的要求。

2）各投标方所提供的方案应包括系统设计方案和工程实施方案，必须保证不影响正常教学工作。

3）系统设计必须严格遵守国家相关技术规范、标准，并符合招标文件要求。

主要技术规范、标准见 1.2.5 节内容。

2．具体要求

1）先进性与成熟性平衡原则。信息技术发展迅速，既要选择成熟的产品，又要选择适当超前的先进技术。

2）灵活性与扩展性原则。采用模块化结构，具有灵活、通用的特点，在系统修改和设备移位时，不必更换布线系统，仅在配线架上进行跳线管理即可解决问题。

3）信息共享与网络化原则。系统中的组件或子系统应尽量选择能够连接入网和共享信息的系统或设备。

4）标准化与规范性原则。系统应遵循相关标准和行业规范，布线方案应符合 TIA/EIA—568B、TIA/EIA—569、ISO/IEC 11801、IEEE 802.3、EN 50173 等相关国家或地区标准。系统不仅传输语音、数据和图像，还能兼容不同厂家的系统和设备，具有较好的互操作性。

5）相对高可用性原则。在权衡经济代价的前提下，主要系统和骨干平台选用高可靠性系统或设备。

6）经济性与投资保护原则。在保证质量和可维护性的原则下，尽量控制成本，尽量保护前期投资，减少重复和浪费。

7）分步实施、逐步到位原则。在复杂的大系统建设中统筹规划、有序进行极为重要，只有这样才能更好地使系统建设做到整体协调、配套合理。

3．工程目标

整个工程应包含工作区子系统、水平子系统、管理子系统、垂直子系统、设备间子系统、建筑群子系统全部布线产品（各种线缆、光缆、配线架、模块、面板、插座、插头和配套施工器材等），工程目标如下：

1）支持高速率数据传输，能传输数字、多媒体、视频、音频信息。
2）每个工作区有 2 个或 2 个以上信息插座。
3）每个信息插座有 4 对非屏蔽双绞线（Unshielded Twisted Pair，UTP）电缆。
4）所有接插件都采用模块化的标准件，以便兼容不同厂家的设备。
5）布线系统要有易于安装和维护的明显识别标志。
6）工作区布线点要满足实际需要。
7）能通过中国移动、中国电信和中国联通的网络联入 Internet。

4．性能指标

投标方应在实际方案中明确说明以下要求。

1）所有线缆产品必须满足 500Mbit/s 的传输速率要求；所有光缆产品必须满足 1000Mbit/s 的传输速率要求；同时通过预留光纤通道，可升级为支持 10000Mbit/s 或未来网络传输速率要求。

2）连接设备间的光纤配线架至各电信间光纤配线架的主干网传输速率应为 1000Mbit/s 或以上。

3）连接设备间的电缆配线架至各接线间电缆配线架的语音主干缆传输速率应为 100Mbit/s 或以上。

4）连接各设备间的数据电缆配线架至各工作区信息终端采用超 6 类双绞线线缆，其传输速率应为 500Mbit/s 以上。

5．施工范围

本工程项目各楼之间采用光纤连接；第 2 号楼（网管中心为一级节点）各层间也采用光纤连接；其余楼内及其他节点处采用双绞线布线，信息学院网络工程拓扑图如图 1-2 所示，第 2 号楼网络工程结构图如图 1-3 所示。

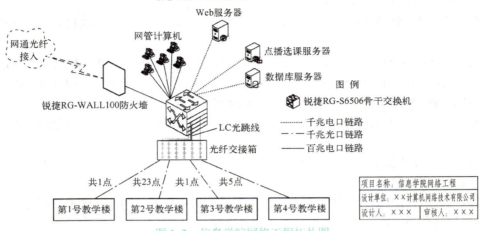

图 1-2　信息学院网络工程拓扑图

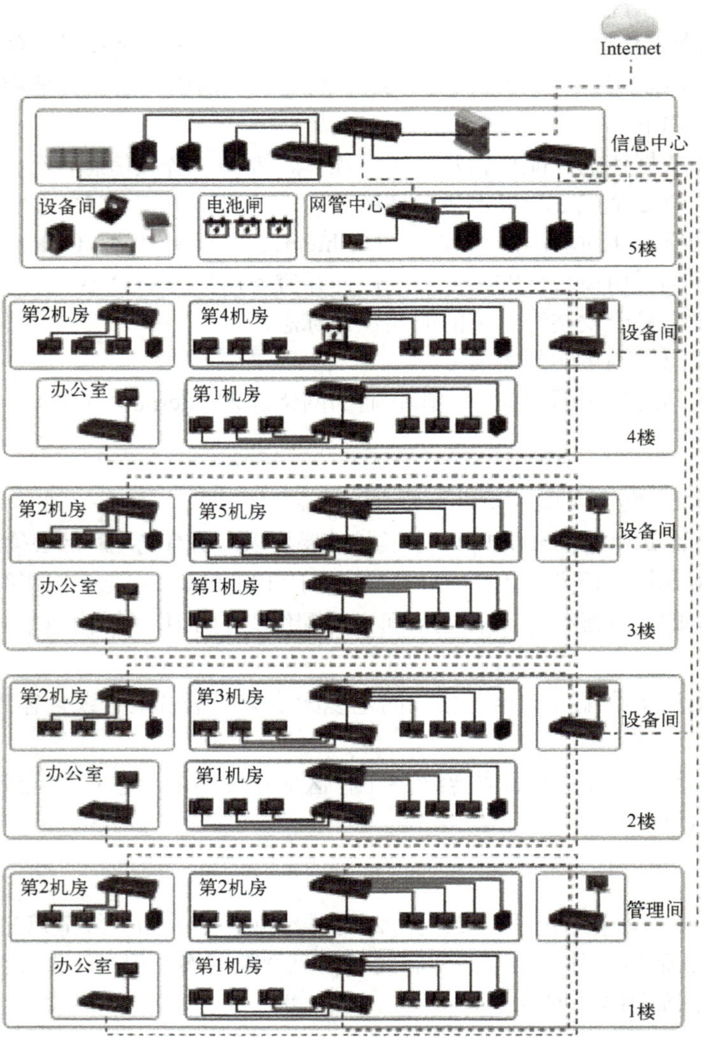

图 1-3　第 2 号楼网络工程结构图

1.1.3 投标须知

为加快建设速度,确保工程质量,信息学院网络综合布线工程采用公开招标方式进行。招标方将根据各投标方所报的技术方案、系统造价和工程实施能力进行综合评定,确定总承包商。

1. 招标内容

1)综合布线工程设计方案、综合布线产品及设备供应方案、工程实施方案和相应的技术服务。

2)总承包商要对整个工程负责,包括系统方案及施工图设计、产品及设备供应、设备安装与调试、工程监理、工程验收、人员培训、工程后技术服务等。

2. 投标人资格

1)投标人应具有独立法人资格(具有企业营业执照原件),并有良好的信誉。

2)投标人应具备良好的综合布线能力,具有类似的工程施工经历,并参与过典型网络布线工程,具有能够真实反映近两年来在类似项目业绩的证明材料,如中标通知书、销售合同复印件等。

3)投标人应提供综合布线产品厂家授权书及相关工程师施工资格证件原件和复印件。

※ 有关招投标文档的内容在本书模块 6 部分有详细介绍。

1.2 知识链接——综合布线系统

在现代建筑物中,通常需要将计算机技术、通信技术、信息技术和办公环境集成在一起,实现信息和资源共享,提供迅捷的通信和完善的安全保障,这一切的基础就是综合布线系统。

1.2.1 什么是综合布线系统

综合布线系统又称结构化布线系统(Structured Cabling System,SCS),是目前流行的一种新型布线方式,采用标准化部件和模块化组合方式,把语音、数据、图像和控制信号用统一的传输媒体进行综合,形成了一套标准、实用、灵活、开放的布线系统。它既能使语音、数据、影像与其他信息系统相连,也支持会议电视、监视电视等系统及多种计算机数据系统。

综合布线系统解决了常规布线系统无法解决的问题,如常规布线系统中的电话系统、保安监控系统、电视接收系统、消防报警系统、计算机网络系统等互不相连,每个系统的终端接插件也不相同,要对这些系统进行改变是极其困难的,通常要付出很高的成本。相比之下,综合布线系统是采用模块化接插件,垂直、水平方向的线路一经布置,只需改变接线间的跳线和交换机,增加接线间的接线模块,便可对这些系统进行扩展和移动。

1.2.2 综合布线系统的组成

综合布线系统采用标准化部件和模块化组合方式,主要由 6 个独立子系统(模块)组成。

1. 工作区子系统

工作区子系统由终端设备连接到信息插座之间的设备组成,包括信息插座、插座盒、连接跳线和适配器。

2．水平子系统

水平子系统由工作区用的信息插座、楼层分配线设备至信息插座的水平电缆、楼层配线设备和跳线等组成，实现信息插座和管理子系统（配线架）间的连接。信息插座和管理子系统一般处在同一楼层。

3．垂直子系统

垂直子系统通常由主设备间（如计算机房、程控交换机房）提供建筑中最重要的线缆主干线路，将主配线架与各楼层配线架系统连接起来，是整个建筑的信息交通枢纽。它一般提供位于不同楼层设备间和布线架间的多条连接路径，也可连接单层楼的大片区域。

4．设备间子系统

设备间子系统是在每幢大楼的适当地点设置进线设备，进行网络管理以及作为管理人员值班的场所。设备间子系统将各种公共设备（如计算机、数字程控交换机、各种控制系统、网络互联设备）等与主配线架连接起来。

5．管理子系统

管理子系统设置在楼层分配线设备的房间内，可管理为其他子系统提供连接、用于连接垂直子系统和各楼层水平子系统的设备，包括配线架、色标规则、交换机、机柜和电源。

6．建筑群接入子系统

建筑群接入子系统（简称建筑群子系统）将一栋建筑的线缆延伸到建筑群内的其他建筑的通信设备和设施。它包括铜线、光纤，以及防止其他建筑的电缆的浪涌电压进入本建筑的保护设备。

当综合布线系统需要在一个建筑群之间敷设较长距离的线路，或者在建筑物内信息系统要求组成高速率网络，或者与外界其他网络（特别是与电力电缆网络）一起敷设有抗电磁干扰要求时，应采用光纤作为传输介质。光纤传输系统应能满足建筑与建筑群环境对电话、计算机、电视、监控设备等综合传输的要求。

综合布线系统的6个独立子系统（模块）组成如图1-4所示。

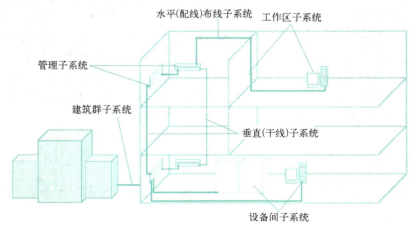

图1-4　综合布线系统的6个独立子系统（模块）组成

1.2.3 综合布线系统的发展过程与前景

综合布线系统的发展与建筑物自动化系统密切相关。1984 年，世界上第一座智能大厦诞生。1985 年初，计算机&通信工业协会（美国 CCIA）提出对大楼布线系统标准化的倡议，美国电子工业协会（EIA）和美国电信工业协会（TIA）开始标准化制定工作。1991 年 7 月，TIA/EIA 568（《商用建筑通信布线标准》）问世，同时还推出了布线通道及空间管理、电缆及连接硬件性能等有关的标准。1995 年底，TIA/EIA 568 标准正式更新为 TIA/EIA/568A 标准，国际标准化组织（ISO）也推出相应标准 ISO/IEC 11801。1999 年至今，TIA（[美国]电信工业协会）又陆续推出了 6 类布线系统正式标准，ISO 推出 7 类布线标准。

从技术上看，综合布线系统正向高带宽、高速度方向发展，而随着网络应用的深入，传统的大厦布线市场也发生了变化，除智能大厦这种标准的综合布线，一些以前并未考虑综合布线的场所，如住宅、中小办公室等，也开始成为布线系统的用户群。但不同的用户群，对综合布线有不同的要求。因此，同样的布线系统，在不同应用市场上应该有所区别，以适应特定的用户需求。现在布线系统已不再是一种可有可无的系统，而是数据通信系统必需的组成部分。

1.2.4 综合布线系统的特点

与传统布线系统相比，综合布线系统具有许多优越性。其特点主要表现在具有兼容性、开放性、灵活性、可靠性、先进性和经济性。此外，在设计、施工和维护方面也给人们带来了许多方便。

1. 兼容性

综合布线系统的首要特点是它的兼容性。所谓兼容性是指它自身是完全独立的，与应用系统相对无关，可以适用于多种应用系统。

过去，为一幢大楼或一个建筑群内的语音或数据线路布线时，往往采用不同厂家生产的电缆线、配线插座及接头等。例如，用户交换机通常采用双绞线，计算机系统通常采用粗同轴电缆或细同轴电缆。这些不同的设备使用不同的配线材料，而连接这些不同配线材料的插头、插座及端子板也各不相同，且彼此互不相容。一旦需要改变终端机或电话机位置，就必须敷设新的线缆，以及安装新的插座和接头。

综合布线系统将语音、数据与监控设备的信号线经过统一的规划和设计，采用相同的传输媒介、信息插座、连接设备、适配器等，把这些信号综合到一套标准的布线中。由此可见，综合布线系统比传统布线系统更为简化，可节约大量的物资、时间和空间。

在使用时，用户无须定义某个工作区的信息插座的具体应用，只要把终端设备（如个人计算机、电话、视频设备等）插入信息插座，然后在管理和设备间的交接设备上做相应的接线操作，这个终端设备就会被接入到相应的系统中。

2. 开放性

在传统布线系统中，只要用户选定了某种设备，也就选定了与之相适应的布线方式和传输介质。如果更换设备,那么原来的布线就要全部更换。对于一幢已经完工的建筑物,这种变化是十分困难的,要增加很多成本。

综合布线系统采用开放式体系结构,符合多种现行的国际标准,因此它几乎对所有著名厂商的产品都是开放的,如计算机设备、交换机设备等,并且支持所有主流通信协议,如 ISO/IEC 8802-3、ISO/IEC 8802-5 等。

3. 灵活性

传统的布线系统是封闭的,体系结构是固定的,若要迁移设备或增加设备是相当困难而麻烦的,有时甚至是不可能实现的。

综合布线系统采用标准的传输线缆和相关连接硬件,模块化设计,所有通道都是通用的。每条通道可支持终端、以太网工作站及令牌环网工作站。所有设备的开通及更改均不需要改变布线,只需增减相应的应用设备,以及在配线架上进行必要的跳线管理。另外,组网也可灵活多样,甚至在同一房间内可以有多个用户终端、以太网工作站、令牌环网工作站并存,为用户组织信息流提供了必要条件。

4. 可靠性

采用传统的布线方式时,由于各个应用系统互不兼容,因而在一幢建筑物中往往有多种布线方案。因此,建筑系统通信的可靠性要由所选用的布线方式来保证,当各应用系统布线不当时,会造成系统交叉干扰。

综合布线系统采用高品质的材料和组合压接的方式构成一套高标准的信息传输通道。所有线槽和相关连接件均通过 ISO 认证,每条通道都采用专用仪器测试链路阻抗及衰减率,以保证其电气性能。应用系统布线全部采用点到点端接,任何一条链路故障均不影响其他链路的运行,这就为链路的运行维护及故障检修提供了方便,从而保障了应用系统的可靠运行。各应用系统往往采用相同的传输介质,因而可互为备用,提高了备用冗余。

5. 先进性

综合布线系统通常采用光纤与双绞线混合布线方式,极为合理地构成了一套完整的布线。

综合布线系统采用世界上最新的通信标准,链路均按 8 芯双绞线配置。5 类双绞线带宽可达 100MHz,6 类双绞线带宽可达 500MHz,7 类双绞线带宽可达 1000MHz 以上。针对特殊用户的需求可采用光纤到桌面(Fiber To The Desk,FTTD),为同时传输多路实时多媒体信息提供足够的带宽容量。

6. 经济性

综合布线系统不仅从技术与灵活性上解决了各种信息综合通信问题,而且从经济性看其性能价格比也是非常高的。

从投资方面讲,综合布线系统的初期投资成本比传统布线要高,但从远期投资角度分析,考虑到今后的发展,应增加前期合理的设计和投入。美国一家调查公司对 400 家大公司的 400 幢办公大楼在 40 年内各项费用的比例情况的统计结果表明,初期投资(即结构费用)只占 11%,而运行费用占 50%,变更费用占 25%。由此可见,采用综合布线系统是明智之举。

从技术与灵活性上讲，结构化标准综合布线系统更加具有优势，主要表现在：

1）采用标准综合布线系统后，只需将电话或终端插入墙壁上的标准插座，然后在同层的跳线架做相应跳线操作，就可满足用户的需求。

2）当需要把设备从一个房间搬到另一层的某个房间时，或者在一个房间中增加其他新设备时，只需要在原插口上做简单的分线处理，然后在同层配线间和总设备间做跳线操作，很快就可以实现这些新增加的需求，不需要重新布线。

3）采用光纤、超5类或6类双绞线混合的综合布线方式，不仅可以满足三维多媒体信息的传输需求，还可以实现与全球信息高速公路的接轨。

1.2.5 综合布线系统标准

综合布线系统自问世以来已经历了近40年的发展历程，在此期间，随着信息技术的发展，布线技术也在不断变化，与之相适应，布线系统相关标准也在不断推陈出新，各国际标准化组织都在努力制定更新的标准以满足技术和市场的需求。有了标准，就有了依据，对于综合布线系统产品的设计、制造、安装和维护具有十分重要的意义。

1．国际标准

在实际应用中，主要参考以下几个综合布线系统标准体系。

（1）美洲标准

美国通信工业协会/电子工业协会（Telecommunication Industry Association/Electronic Industry Alliance，TIA/EIA）制定的系列标准。

1）TIA/EIA—568《商用建筑通信布线系统标准》。
2）TIA/EIA—569《商用建筑电信通道及空间标准》。
3）TIA/EIA—606《商用建筑物电信基础结构管理标准》。
4）TIA/EIA—607《商用建筑物接地和接线规范标准》。

（2）ISO标准

国际标准化组织/国际电工委员会（International Organization for Standardization/International Electro technical Commission，ISO/IEC）针对综合布线系统在抗干扰、防噪、防火、防毒等关键技术颁布的标准。

1）ISO/IEC 11801《信息技术——用户房屋综合布线标准》。
2）ISO/IEC 14763-2《用户建筑群布缆的实施和操作.第2部分：铜电缆敷设的规划和安装》。
3）ISO/ IEC 14763-3《用户建筑群布缆的实施和操作.第3部分：光缆的规划和安装》。
4）IEEE 802/ ISO IEEE 802.1—11：局域网布线标准。

（3）欧洲标准

EN 50173《信息技术——通用布线系统》标准，是欧洲电工标准化委员会（CENELEC）颁布的标准，该标准与ISO/IEC 11801标准是一致的，但它比ISO/IEC 11801标准更加严格。

2．国内标准

中国国内的综合布线系统标准基本上都是参照国际标准化组织，由国内有关协会、行业和国家所制定的，主要是针对我国国情和习惯做法所做的规定。

（1）国家标准

由工业和信息化部起草，住房和城乡建设部批准的国家标准，适用于新建、扩建、改建建筑与建筑群的综合布线系统工程设计。其主要的对象为大楼办公自动化（OA）、通信自动化（CA）、楼宇自动化（BA）工程。

1）GB/T 50311—2016《综合布线系统工程设计规范》。

2）GB/T 50312—2016《综合布线系统工程验收规范》。

3）GB/T 50314—2015《智能建筑设计标准》。

（2）行业标准

由工业和信息化部发布的通信行业标准（第二版）是通信行业标准，对接入公用网的通信综合布线系统提出了基本要求。

1）YD/T 926.1—2023《信息通信综合布线系统 第 1 部分：总规范》。

2）YD/T 926.2—2023《信息通信综合布线系统 第 2 部分：光纤、光缆布线及连接件通用技术要求》。

（3）协会标准

中国工程建设标准化协会 2000 年颁布了 CECS 119—2000《城市住宅建筑综合布线系统工程设计规范》。该标准积极采用国际先进经验，与国际标准接轨。

3．标准要点

（1）目的

1）规范一个通用语音和数据传输的电信布线标准，以支持多设备、多用户的环境。

2）为服务于商业的电信设备和布线产品的设计提供方向。

3）能够对商用建筑中的结构化布线进行规划和安装，使之能够满足用户的多种需求。

4）为各种类型的线缆、连接件及布线系统的设计和安装，建立性能和技术标准。

（2）范围

1）标准针对的是"商业办公"电信系统。

2）综合布线系统的使用寿命要求在 10 年以上。

（3）内容

包括所用介质、拓扑结构、布线距离、用户接口、线缆规格、连接件性能、安装程序等。

（4）涉及范畴

1）水平子系统：涉及水平跳线架、水平线缆、线缆出入口、连接器、转换点等。

2）垂直子系统：涉及主跳线架、中间跳线架、建筑外主干线缆、建筑内主干线缆等。

3）UTP 布线系统：目前主要指超 5 类双绞线、6 类双绞线、7 类双绞线。

4）光缆布线系统：分为水平子系统和垂直子系统，它们分别使用不同类型的光缆。

① 水平子系统：62.5/125μm 多模光缆（出入口有 2 条光缆），多数为室内光缆。

② 垂直子系统：62.5/125μm 多模光缆或 10/125μm 单模光缆。

5）综合布线系统的设计方案不是一成不变的，而是根据环境和用户要求来确定的。

综合布线系统标准的制定对于综合布线及网络的发展有深刻的影响。对于业内人士而言，及时了解综合布线系统标准的动态对于产品的开发至关重要；对于用户而言，了解综合布线系统标准的发展，对于保护自己的投资是十分重要的。

1.2.6 局域网综合布线

近年来，局域网（Local Area Network，LAN）技术得到了迅速发展，无论是网络速度还是覆盖范围都发生了很大的变化，网络速率从 100Mbit/s 发展到 1000Mbit/s，目前已经发展到 10Gbit/s；局域网连接也从单一的办公室或机房扩展到多室多处相连。随着局域网速率的提高和覆盖范围的增大，局域网布线对网络的影响越来越大。因此，了解局域网的概念及特点是十分必要的。

1. 局域网的概念

局域网就是网络的一种，由于网络技术在不断发展，各个国家和地区因硬件和线路不同，使用的网络产品和网络技术不同，所以很难给出一个明确定义，但可从以下几方面理解局域网概念。

（1）局域网是限定区域的网络

限定区域不是仅指地理区域的大小，而是指在功能和组织上都比较封闭的空间，如办公大楼内、学校的校园内等。

（2）局域网是高速线路的网络

高速是指数据在网络中传输的速率高，由于局域网使用的通信线路多选用金属或光纤介质，传输速率可达 100Mbit/s 甚至 1000Mbit/s。

（3）局域网是专用线路网络

专用网络是指局域网不使用电话线路或公用线路，而是自行架设而成的自用网络。

（4）局域网是遵守国际标准的开放性网络

开放性网络是指局域网的体系结构遵守国际标准化组织的标准，它能够与任何遵守国际标准化组织的标准系统进行通信。

2. 局域网布线的特点

局域网技术是目前计算机网络研究的重点和热点，是发展最快的技术领域之一。局域网布线具有如下特点：

（1）局域网是覆盖有限地理范围的网络

局域网适用于机关、公司、校园、工厂等各种单位。局域网布线重点强调线缆安装，包含工作区子系统、水平子系统、垂直子系统、设备间子系统、管理子系统、建筑群子系统等。

（2）局域网是一种通信网络

局域网主要技术体现在网络拓扑、传输介质与介质访问控制，具有高速率、高质量数据传输能力。

局域网布线标准采用 IEEE 802 协议；重点强调电缆布线，因为它是当前占支配地位的布线方法；还有速度更快的光纤网布线，它是未来网络发展的方向。

（3）局域网属于单位自有，易于建立、维护和使用

局域网布线要根据单位自身的应用与财力情况规划使用范围、制定建设方案，以满足自身需要。

1.3 项目实现——布线工程六项工作

网络综合布线工程的实施并不是一件简单的事，需要具备很多相关方面的知识和工程实践经验，通常需要做好如下几个方面工作。

1. 用户需求报告

用户需求报告是网络布线工程建设的根本依据，分析需要解决的问题，包括用户的业务需求、资金投入、网络规模、网络功能、网络带宽、网络可靠性、网络安全性和可管理性等内容。

网络建设的目的就是为单位提供业务支撑，业务需求是进行网络综合布线设计的基本依据，缺乏业务需求分析的网络规划是盲目的，为网络建设带来很大的不确定性，不能实现用户的需求目标。

2. 布线方案设计

布线方案是工程实施的蓝图，是工程建设的框架。布线方案设计是指依据网络建设的目标与需求，按照网络布线的标准、规范和技术，对网络建设的规模、结构、软硬件、管理与安全等方面，提出可行的、合理的技术实施解决方案。网络规划与设计从需求入手，包含网络拓扑设计、IP 地址规划、布线系统设计、设备选型、管理与安全设计、冗余规划等方面。

布线方案设计的好坏直接影响布线工程的质量和性能价格比。因此，做好网络综合布线方案设计是非常重要的，在布线方案设计工作中主要讨论的是怎样设计布线系统，这个系统有多少信息点，怎样通过水平子系统、垂直子系统、管理子系统把它们连接起来。

3. 选择建设材料

选好建设材料是做好布线工程质量的基本保障，这涉及选择哪些传输介质（线缆）和线材（槽管），以及其材料价格，施工费用多少等问题。

4. 工程施工

工程施工是实现工程设计、满足用户需求的唯一途径，包括开工报告、施工图准备、人员安排、备料、制定工程进度表、具体实施等工作。

5. 测试与验收

测试与验收是施工单位向用户方移交最终成果的正式手续，用户方可检查工程施工是否符合设计要求和有关施工规范，是否达到了设计目标，质量是否符合要求等。

6. 文档管理

在测试与验收结束后，将建设单位所交付的文档材料及测试与验收所使用的材料一起交给

用户方的有关部门存档。主要包括综合布线工程建设报告、综合布线工程测试报告、综合布线工程资料审查报告、综合布线工程用户意见报告和综合布线工程验收报告。

1.4 素养培育

综合布线系统发源于美国，1985年由贝尔实验室（AT&T）首先推出，并于1986年通过美国电子工业协会（EIA）和美国电信工业协会（TIA）的认证，并得到全球的认同。在发展过程中，北美或欧洲等发达地区走在了中国的前面，主要表现如下所述。

1. 欧美的优势

（1）标准领先

布线标准最早诞生于美国，1991年首次公布《商用建筑通信布线标准》（北美标准TIA/EIA—568），是行业内最早的布线标准。欧洲1995年发布EN 50173《信息技术——通用布线系统》标准。中国2000年才实施综合布线行业的国家标准（GB/T 50311—2000和GB/T 50312—2000）。

（2）技术领先

北美与欧洲地区是布线技术创新的源头，往往先在国外进行研发再传入到中国。

（3）品质良好

北美和欧洲地区的布线市场比较成熟，产品质量普遍较高，各自都有一批比较优秀的本土品牌，这些优秀的品牌在综合布线产品、技术及应用等各个方面都引领全球整个行业的发展。

2. 中国存在的差距

（1）质量不高

由于价格因素，有一些布线产品的质量不高，这也是中国综合布线行业的一大通病。

（2）质量高低悬殊

中国的接插件产品质量高低悬殊，由于布线长度短，接插件对布线的整体效果的相对影响更大。

（3）环保意识不强

国内品牌的绿色环保意识不足，影响重要项目的竞标。

（4）品牌不多

国内的民族品牌不多，只有清华同方、南京普天、上海天诚、深圳日海等几个相对有竞争力的品牌（TCL-罗格朗已属于外国品牌），发展不仅是企业本身的需求，也是中国布线行业的需求，更是中华民族的需求。

虽然中国的综合布线系统与国外相比仍有差距，但"知己知彼，百战不殆"，了解到我国与国际布线的发展差距后才能赶上强者的步伐，让中国布线市场更加成熟稳健，成为全球布线市场的领头羊。

1.5 习题与思考

1.5.1 填空题

1．综合布线系统采用标准化部件和模块化组合方式，主要由_____、_____、_____、_____、_____、_____子系统（模块）组成。
2．综合布线工程主要由_____、_____、_____、_____、_____、_____等项工作组成。

1.5.2 思考题

1．什么是综合布线系统？
2．综合布线系统国内、国际常用标准有哪些？
3．综合布线系统的主要特点有哪些？

模块 2　综合布线系统工程设计

学习目标

【知识目标】

- 了解综合布线系统设计的原则和等级。
- 熟悉综合布线系统设计的内容和流程。
- 掌握综合布线各子系统的设计要点。
- 熟悉亿图图示软件的使用方法。

【能力目标】

- 以真实的综合布线系统工程为任务导向,进行网络综合布线系统工程设计。
- 以真实的综合布线系统工程为任务导向,利用亿图图示软件完成典型施工图的绘制工作。

【竞赛目标】

对标赛项基本要求,有研读和分析复杂的设计方案的能力。

【素养目标】

- 理论联系实际,培养学生的工程素养和工匠精神。
- 严格要求操作规范,培养学生的责任意识和职业素养。

综合布线系统设计是一项十分重要的工作,方案设计的好坏直接影响着全部工程的实现,这就需要设计人员必须认真做好相关知识准备,并多加实践,这样才能设计出合理、优化的方案。

2.1　任务　综合布线系统设计

为完成综合布线系统设计工作,设计人员必须要深入了解用户需求,认真进行任务分析,做到胸中有数,合理安排。

2.1.1 任务引入

综合布线系统设计的首要任务就是根据用户需求（包括工程内容、要达到的目标等）进行工程设计，工程设计占整个网络工程工作量的 30%~40%，剩下的只是付诸实现的问题。以信息学院第 2 号楼信息中心楼的综合布线为例，具体任务是把楼内所有的主要设备的信息点连接到网管中心（一级节点），形成星形网络拓扑结构，它能够传输多媒体信息，满足教学与管理要求，还能进行对外交流。本任务计划设置信息点 760 个，网络连接采用综合布线系统完成，施工集中在一个楼内（共 5 层），每两个用户之间最大距离不超过 50m，这是一个典型的网络综合布线工程。

2.1.2 任务分析

任何单位要建设综合布线系统，总是有自己的目的和需求，专业技术人员应根据用户的需求进行任务分析。根据信息学院第 2 号楼（信息中心楼）工程任务的要求，所有计算机、局域网需要经过综合布线系统连接到网管中心（一级节点），形成星形网络结构，综合布线系统工程实施需要使用标准的信息插座和传输介质，层间需要用光纤进行连接，同层内采用双绞线布线，设计等级为综合型；同时，网络系统具有扩充和升级能力。

2.2 知识链接——综合布线系统设计

综合布线系统设计是指在现有经济技术条件下，根据实际使用要求，按照国际和国内现行综合布线标准，对具体项目进行设计。为此，工作人员应学习相关知识。

2.2.1 综合布线系统设计概述

1. 综合布线系统设计原则

（1）实用性

网络综合布线系统工程应从实际需要出发，必须坚持为用户服务，必须满足用户需求。

（2）先进性

应采用成熟的先进技术，兼顾未来的发展趋势，既量力而行，又适当超前，留有发展余地。

（3）可靠性

必须确保网络可靠运行，在网络的关键部分应具有容错能力。

（4）安全性

应提供公共网络连接、内部网络连接、拨号入网、通信链路、服务器等全方位的安全管理系统。

（5）开放性

应遵循国际标准，采用符合标准的设备，保证整个系统具有开放性，增强与异机种、异构网的互联能力。

（6）可扩展性

系统应便于扩展，保证前期投资的有效性与后期投资的连续性。

2. 综合布线系统设计等级

按照国家标准 GB 50311—2016 的规定，综合布线系统设计可以划分为三个等级。

（1）最低型

1）基本配置。

① 每一个工作区有 1 个信息插座。

② 每个信息插座的配线电缆为 1 条 4 对双绞线电缆。

③ 完全采用 110A 交叉连接硬件，并与未来的附加设备兼容。

④ 每个工作区的干线电缆至少有 2 对双绞线。

2）主要特点。

① 能够支持所有语音和数据传输。

② 支持语音、综合型语音/数据高速传输。

③ 便于维护人员的维护、管理。

④ 能够支持众多厂家的产品设备和特殊信息的传输。

（2）基本型

1）基本配置。

① 每个工作区有 2 个或 2 个以上信息插座。

② 每个信息插座的配线电缆为 1 条 4 对双绞线电缆。

③ 具有 110 A 交叉连接硬件。

④ 每个工作区的电缆至少有 8 对双绞线。

2）主要特点。

① 每个工作区有 2 个信息插座，灵活方便，功能齐全。

② 任何一个插座都可以提供语音和数据高速传输。

③ 便于管理与维护。

④ 能够为众多厂商提供服务环境的布线方案。

（3）综合型（将双绞线和光缆纳入建筑物布线系统）

1）基本配置。

① 每个工作区有 2 个以上信息插座。

② 每个信息插座的配线电缆为 1 条 4 对双绞线电缆。

③ 建筑、建筑群垂直或水平子系统中配置光缆，并考虑适当备用量。

2）主要特点。

① 由于每个工作区有 2 个以上信息插座，不仅灵活方便而且功能齐全。

② 任何一个信息插座都可提供语音、视频和数据高速传输。

③ 可为用户提供良好的服务环境。

④ 因为光缆的使用，所以可提供很高的带宽。

3. 综合布线系统设计流程

综合布线系统的设计流程图如图 2-1 所示。

```
┌─────────────────────────────────────────────────────────┐
│              收集综合布线系统工程所需的基础材料              │
│  ①建筑图纸和说明；②了解建筑物结构、层数、用图；③明确系统设计要求与标准。│
├─────────────────────────────────────────────────────────┤
│                  确定综合布线系统设计方案                   │
│  ①用户需求分析；②确定整体方案；③确定信息点分布方案；④作网络拓扑图。  │
├─────────────────────────────────────────────────────────┤
│              确定布线路由，进行系统各部分设计               │
│  ①工作区子系统设计；②水平子系统设计；③垂直子系统设计；④建筑群接入子系统设计； │
│  ⑤设备间子系统设计和电信间设计；⑥管理子系统设计；⑦进线间系统设计；⑧其他设计。 │
├─────────────────────────────────────────────────────────┤
│                       绘制施工图纸                        │
│  ①光纤路由图；②标准和其他层路由图；③设备、配线间布局图；④机柜配线架信息分布图。 │
├─────────────────────────────────────────────────────────┤
│                   确定工程量、编制预算                     │
│  ①列出材料清单；②确定工程量；③布线产品选型；④确定取费标准，编制预算。 │
├─────────────────────────────────────────────────────────┤
│         确定系统测试、验收方案；系统维护要求；编制工程文档      │
└─────────────────────────────────────────────────────────┘
```

图 2-1 综合布线系统的设计流程图

4. 综合布线系统网络拓扑结构

综合布线系统网络拓扑结构是网络连接后路径的逻辑表示，它是一个开放式的结构，每个子系统都是相对独立的单元，对每个子系统的改动都不会影响其他子系统。

（1）综合布线功能部件

1）建筑群配线架（CD）。

2）建筑物配线架（BD）。

3）楼层配线架（FD）。

4）转接点（选用）（TP）。

5）信息插座（IO）。

6）信息引出端（TO）。

（2）综合布线系统结构

综合布线系统由 6 个子系统组成，它们是工作区子系统、水平子系统、垂直干线子系统、设备间子系统、管理子系统和建筑群子系统。按照国际标准化组织 ISO/IEC 11801 的定义，各个子系统和布线部件构成如图 2-2 所示的综合布线系统结构图。

（3）星形网络拓扑结构

星形网络拓扑结构是建筑群布线系统普遍采用的形式。它通常以某个建筑群配线架（CD）为中心，以若干建筑物配线架（BD）为中间层，再加上下层的楼层配线架（FD）和信息插座（IO），构成多级的星形网络拓扑结构，如图 2-3 所示。

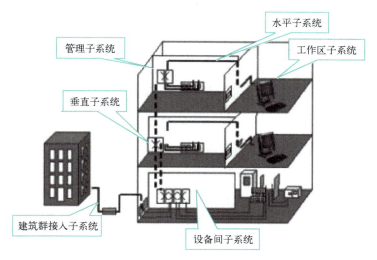

图 2-2　综合布线系统结构图

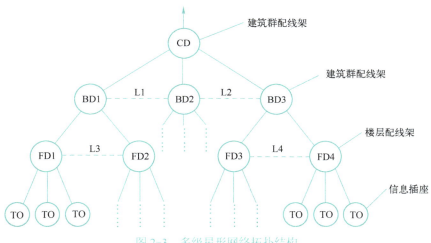

图 2-3　多级星形网络拓扑结构

2.2.2　综合布线系统设计内容

1. 用户需求分析

用户单位在实施综合布线系统工程项目前都有自己的设想，作为工程项目设计人员必须与用户耐心地沟通，认真、详细地了解工程项目的实施目标、要求，并整理存档。对于某些不清楚的地方，还应多次反复地与用户沟通，一起分析设计。为了更好地做好用户需求分析，建议根据以下要点进行需求分析。

1）确定工程实施的范围。
2）确定系统的类型。
3）确定系统各类信息点接入要求。
4）查看现场，了解建筑物布局。

2. 系统总体方案设计

系统总体方案设计在综合布线系统工程设计中是极为关键的部分，它直接决定了工程实施后的项目质量的优劣。系统总体方案设计主要包括系统的设计目标、系统设计原则、系统设计依据、系统各类设备的选型及配置、系统总体结构、各个布线子系统工程技术方案等内容。

在进行总体方案设计时应根据工程具体情况进行灵活设计，例如单独的建筑物楼宇的综合布线设计就不需要考虑建筑群子系统的设计。再例如有些低层建筑物信息点数量很少，考虑到系统的性价比因素，可以取消楼层配线间，只保留设备间，将配线间与设备间功能整合在一起。

3. 子系统详细方案设计

综合布线系统工程的各个子系统设计是系统设计的核心内容，它直接影响用户的使用效果。在对 6 个子系统设计时，应注意以下设计要点。

1）工作区子系统要注意信息点数量及安装位置，以及模块、信息插座的选型及安装标准。
2）水平子系统要注意线缆布设路由、线缆和管槽类型的选择，确定具体的布线方案。
3）管理子系统要注意管理器件的选择，水平线缆和主干线缆的端接方式和安装位置。
4）垂直子系统要注意主干线缆的选择、布线路由走向的确定、管槽铺设的方式。
5）设备间子系统要注意确定建筑物设备间位置、设备装修标准、设备间环境要求、主干线缆的安装和管理方式。
6）建筑群子系统要注意确定各建筑物之间线缆的路由走向、线缆规格选择、线缆布设方式、建筑物线缆入口位置。还要考虑线缆引入建筑物后，采取的防雷、接地和防火的保护设备及相应的技术措施。

4. 其他方面设计

综合布线系统工程其他方面的设计也是影响系统工程质量的重要因素，包括：

1）交/直流电源的设备选用和安装方法（包括计算机、传真机、网络交换机、用户电话交换机等系统的电源）。
2）综合布线系统在可能遭受各种外界干扰源的影响（如各种电气装置、无线电干扰、高压电线以及强噪声环境等）时，采取的防护和接地等技术措施。
3）综合布线系统要求采用全屏蔽技术时，应选用屏蔽线缆以及相应的屏蔽配线设备。
4）在综合布线系统中，对建筑物设备间和楼层配线间进行设计时，应对其面积、门窗、内部装修、防尘、防火、电气照明、空调等方面进行明确的规定。

2.2.3 综合布线系统子系统设计

根据综合布线系统模块化的设计思想，综合布线系统工程设计分成工作区子系统、水平子系统、管理子系统、垂直子系统、设备间子系统、建筑群子系统等几方面内容的设计。

1. 工作区子系统设计

工作区（又称服务区）子系统是指从终端设备（可以是电话、计算机和数据终端，也可以是仪器仪表、传感器的探测器）连接到信息插座的整个区域，是工作人员利用终端设备进行工作的地方。

一个需要设置终端的独立的区域可以划分为一个工作区，通常按 $5\sim10m^2$ 划分为一个工作区，在一个工作区内可设置一个数据点和一个语音点，也可以根据用户的需求来设置。

工作区支持电话机、数据终端、微型计算机、电视机、监视及控制等终端设备的设置和安装。工作区子系统中典型的终端设备与信息插座连接如图2-4所示。

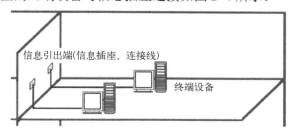

图2-4 工作区子系统终端设备与信息插座连接

（1）工作区子系统的设计要点

1）工作区内线槽的敷设要合理、美观。

2）信息插座设计在距离地面30cm以上。

3）信息插座与计算机设备的距离保持在5m范围内。

4）网卡接口类型要与线缆接口类型保持一致。

5）所有工作区所需的信息模块、信息插座、面板的数量要准确。

6）计算RJ-45水晶头所需的数量（RJ-45总量=4×信息点总量×（1+15%））。

（2）工作区子系统设计的操作步骤

1）根据楼层平面图计算每层楼布线面积。

2）估算信息插座数量，一般设计两种平面图供用户选择：为基本型设计出每 $9m^2$ 一个信息插座的平面图；为综合型设计出两个信息插座的平面图。

3）确定信息插座的类型。

（3）信息插座的数量确定与配置

信息插座可分为嵌入式安装插座、表面安装插座、多介质信息插座3种类型。其中，嵌入式安装插座用来连接6类及以上双绞线，多介质信息插座用来连接双绞线和光纤，以解决用户对光纤到桌面的需求。

1）信息插座数量确定原则。根据建筑平面图计算实际空间，依据空间大小和设计等级以及用户具体要求计算信息插座数量。通常，一个 $5\sim10m^2$ 的工作区可设置两个信息插座，一个提供语音功能，另一个提供数据交换功能。

2）信息插座的配置。根据建筑物结构的不同，可采用不同的安装方式，新建筑物一般采用嵌入式安装插座，已有的建筑物重新布线则多采用表面安装插座。每个工作区至少要配置一个插座盒，对于难以再增加插座盒的工作区，要至少安装两个分离的插座盒。

2．水平子系统设计

水平子系统也称为配线子系统，是由工作区的信息插座、信息插座到楼层配线架（FD）的水平电缆或光缆、楼层配线架和跳线组成。

水平子系统是整个布线系统的一部分，是从工作区的信息插座开始到水平配线间（楼层弱电间）的配线架。水平子系统总是处在一个楼层上，并端接在信息插座或区域布线的中转点上，功能是将工作区信息插座与楼层配线间的水平分配线架连接起来。水平子系统示意图如图2-5所示。

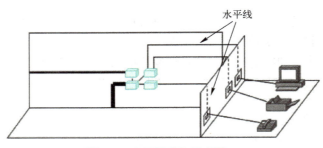

图 2-5 水平子系统示意图

（1）水平子系统的设计要点

1）根据建筑物的结构、布局和用途，确定水平布线方案。

2）确定水平线路的走向和路径，选择路径最短和施工最方便的方案。

3）必须在线槽或在天花板吊顶内布线，最好不走地面线槽。

4）确定槽、管的数量和类型。

5）确定电缆的类型和长度，水平子系统通常为星形结构，一般使用双绞线布线，长度不超过 90m。

6）线缆长度计算方法：

① 电缆平均长度=（最远信息点水平距离+最近信息点水平距离）/2+2H，H 为一楼层高。

② 实际电缆平均长度=电缆平均长度×1.1+端接容限，端接容限通常取 6。

③ 每箱线缆布线根数=每箱电缆长度/实际电缆平均长度。

④ 电缆需要箱数=信息点总数/每箱线缆布线根数。

注：最远、最近信息点水平距离是从楼层配线间到信息点的实际水平距离，包含实际路由的水平距离，若多层设置一个配线间，则还应包含相应楼层高度。

（2）水平子系统线缆选择

1）产品选型必须与实际工程相结合。

2）选用的产品应符合我国国情和有关技术标准（包括国际标准、我国国家标准和行业标准）。

3）工程材料符合技术先进和经济合理相统一原则、近期和远期相结合原则。

（3）水平子系统布线方案

水平子系统布线，是将线缆从管理子系统的配线间接到每一楼层的工作区的信息插座上。设计者要根据建筑物的结构特点，从路（线）最短、造价最低、施工方便、布线规范等几个方面考虑，优选最佳的方案。一般可采用 3 种类型：

1）直接埋管式。

2）先走吊顶内线槽，再走支管到信息出口的方式。

3）适合大开间及后打隔断的地面线槽方式。

其余方式都是这 3 种方式的改良型和综合型。

3．管理子系统设计

管理子系统由交连/互连的配线架、信息插座式配线架、相关跳线组成。管理子系统为连接其他子系统提供手段，它是连接垂直子系统和水平子系统的设备，用来管理信息点（信息点少的情况下可以几个楼层设一个），其主要设备是机柜、交换机、机柜和电源。管理子系统与垂直子系统、水平子系统连接如图 2-6 所示。

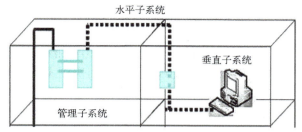

图2-6　管理子系统与垂直子系统、水平子系统连接示意图

布线系统的灵活性和优势主要体现在管理子系统上。它采用单跳线方式，使用双绞线或光纤软跳线实现网络设备与跳线板之间的跳接。只要简单地跳一下线，就可以完成任何结构化布线的信息插座与任何一类智能系统的连接。"一插一拔"，既方便、稳定，又便于管理，所有切换、更改、扩展和线路维护均可在配线柜内迅速完成，极大地方便了线路的重新布置和网络终端连接的调整。

在管理子系统中，信息点的线缆是通过"信息点集线面板"进行管理的，而语音点的线缆是通过110交连硬件进行管理的。

信息点的集线面板有12口、24口、48口等，应根据信息点的多少配备集线面板。

（1）管理子系统交连的几种形式

在不同类型的建筑物中，管理子系统常采用单点管理单交连、单点管理双交连和双点管理双交连3种方式。

1）单点管理单交连如图2-7所示。

2）单点管理双交连如图2-8所示。

图2-7　单点管理单交连

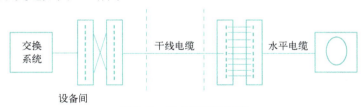

图2-8　单点管理双交连

3）双点管理双交连如图2-9所示。

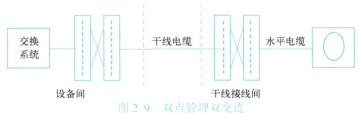

图2-9　双点管理双交连

（2）管理子系统的设计要点

1）管理子系统中干线配线管理宜采用双点管理双交连。

2）管理子系统中楼层配线管理应采用单点管理双交连。

3）配线架的结构取决于信息点的数量、综合布线系统的网络性质和选用的硬件。

4)端接线路模块化系数应合理。
5)设备跳接线连接方式要符合下列规定。
① 配线架上相对稳定且一般不经常进行修改、移位或重组的线路,宜采用卡接式接线方式。
② 配线架上经常需要调整或重新组合的线路,宜使用快接式插接线方式。

4. 垂直子系统设计

垂直子系统是综合布线系统中非常关键的组成部分,负责连接管理子系统到设备间子系统,提供建筑物干线电缆,一般使用光缆或选用大对数的非屏蔽双绞线,由建筑物配线设备、跳线以及设备间至各楼层管理的干线电缆组成。垂直子系统示意图如图 2-10 所示。

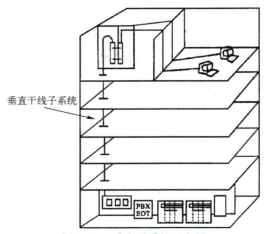

图 2-10　垂直子系统示意图

(1)垂直干线子系统的设计要点
1)确定每层楼的干线电缆要求,根据不同的需要和经济因素选择干线电缆类别。
2)确定干线电缆路由的原则是最短、最安全、最经济。
3)绘制干线路由图,采用标准中规定的图形与符号绘制垂直子系统的线缆路由图,确定布线的方法。
4)确定干线电缆尺寸,干线电缆的长度可用比例尺在图样上量得,每段干线电缆长度要有备用部分(约长度的 10%)和端接容差。
5)布线要平直,走线槽,不要扭曲;两端点要标号;室外部要加套管,严禁搭接在树干上;双绞线不要拐硬弯。

(2)光纤线缆的选择
垂直干线子系统主干线多用光纤,光纤分单模、多模两种。从目前国内外应用的情况来看,采用单模结合多模的形式来敷设主干光纤网络,是一种合理的选择。

5. 设备间子系统设计

设备间子系统由设备室的电缆、连接器和相关支撑硬件组成,通过电缆把各种公用系统设备互连起来。

设备间子系统是综合布线系统的关键部分,是外界引入布线(公用信息网或建筑群间主干线)和楼内布线的交汇点,其位置非常重要,通常放在楼宇的一、二层。设备间子系统示意图如图 2-11 所示。

模块 2　综合布线系统工程设计

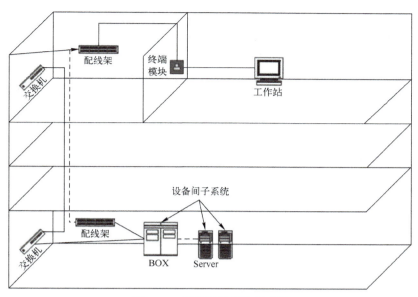

图 2-11　设备间子系统示意图

（1）设备间子系统的设计要点
1）设备间尽量选择建筑物的中间位置，以便设计线路最短。
2）设备间要有足够的空间，能保障设备存放。
3）要按机房标准建设设备间。
4）设备间要有良好的工作环境。
5）设备间要配置足够的防火设备。
（2）设备间子系统中的设备
设备间子系统的硬件大致同管理子系统的硬件相同，基本由光纤、铜线电缆、跳线架、引线架、跳线构成，只不过是规模比管理子系统大。

6．建筑群子系统设计

规模较大的单位建筑物较多，相互毗邻，但彼此之间的语音、数据、图像和监控等系统可用传输介质和各种支持设备（硬件）连接在一起。连接各建筑物之间的缆线及相应设备组成建筑群子系统，也称楼宇管理子系统。建筑群子系统示意图如图 2-12 所示。

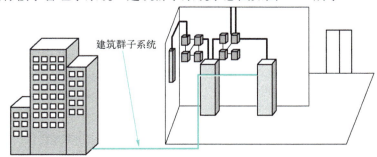

图 2-12　建筑群子系统示意图

（1）建筑群子系统的设计要点
1）建筑群数据网主干线缆一般应选用多模或单模室外光缆。

2）建筑群数据网主干线缆须使用光缆与电信公用网连接时，应采用单模光缆，芯数应根据综合通信业务的需要确定。

3）建筑群主干线缆宜采用地下管道方式进行敷设，设计时应预留备用管孔，以便扩充使用。

4）当采用直埋方式时，电缆通常在地面以下超过60cm的地方。

（2）建筑群子系统中的电缆敷设方法

1）架空电缆布线。

2）直埋电缆布线。

3）管道系统电缆布线。

4）隧道内电缆布线。

2.2.4　综合布线工程图的设计与绘制

综合布线工程图在工程中起着关键的作用，设计人员首先要通过建筑图样来了解和熟悉建筑物结构并设计综合布线工程图，施工人员根据设计图样组织施工，验收阶段以相关技术图样为依据进行审验，完成后相关资料移交给甲方（建设方）。

1．综合布线工程图的设计要点

优秀的设计图中表示的内容非常全面，会让看图者能清晰地了解布线系统的设计情况，能简单、清晰、直观地反映出网络和布线系统的结构、管线路由和信息点分布等情况。

建筑物的综合布线工程制图标准由工业和信息化部文件 YD/T 5015—2015《通信工程制图和图形符号的规定》。该规定是根据我国实际需要，参照相关国家标准制定的，主要内容包括电信工程制图的总体要求和统一规定，以及常用的图形符号，详细内容参见附录C。

根据网络综合布线系统工程的要求，工程图一般有5类图需要绘制。

1）网络拓扑结构图。

2）综合布线系统工程拓扑（结构）图，如图2-13所示。

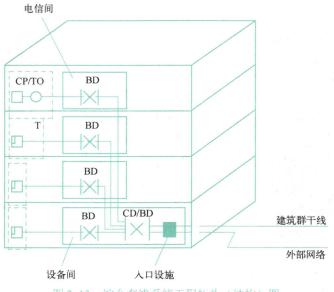

图2-13　综合布线系统工程拓扑（结构）图

3）综合布线管线路由图。

4）楼层信息点平面分布图（可参考图2-24网络中心综合布线设计布置图）。

5）机柜配线架信息点布局图，如图2-14所示。

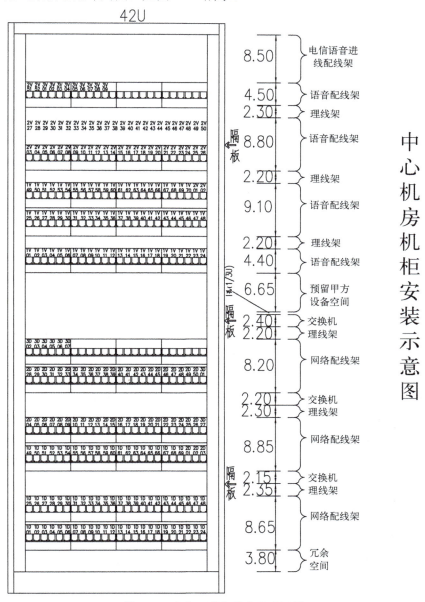

图2-14　机柜配线架信息点布局图

通过上面5类工程图，基本能够反映布线过程中所能遇到的问题：

① 能够反映网络布线整体的拓扑结构情况；

② 能够确定管线布线路由、管槽型号和规格情况；

③ 能够确定工作区子系统中各楼层信息插座的类型和数量；

④ 能够确定水平子系统的线缆型号和数量；

⑤ 能够确定垂直子系统的线缆型号和数量；

⑥ 能够明确楼层配线架（FD）、建筑物配线架（BD）、建筑群配线架（CD）、光纤互联单元（LIU）的数量及分布位置；

⑦ 能够确定机柜内配线架及网络设备分布情况。

2．综合布线工程图绘制工具——亿图图示

综合布线系统在设计的过程中必须根据实际情况完成工程图的绘制，绘制清晰、标准的施工图是综合布线工程设计的一个重要内容。以信息学院校园网综合布线工程为例，需要完成整体楼宇施工图的绘制，同时要绘制楼宇内具体部分的施工图等。

绘制综合布线施工图既然是综合布线系统工程设计中的一项重要内容，对于工程设计人员而言，如何能够既快又好地完成这一任务就非常关键了。施工图的绘制有多种方法，通过对目前市场中的各种绘图软件的比较、筛选，发现亿图图示软件是绘制施工图较理想的选择。该软件易学、易懂、易用，使用十分方便，是一款对综合布线工程设计人员非常合适的好工具，因此必须了解该软件的相关知识。

（1）亿图图示软件概述

亿图图示（Edraw Max）是一款国产的、功能强大的综合类图形图表绘制软件，它可以帮助人们创建多种风格的图表，提供更直观的表达方式。

此软件集能轻轻松松绘制出专业的流程图、网络图、组织结构图、商业演示图、建筑规划图、思维导图、时装设计图、UML 图表、工作流程图、程序结构图、网页设计图、电气工程图、方向图、数据库图表等。

此软件还自带丰富的内置图形模板库和 12 500 多个矢量符号，操作简单、易上手，能让难以理解的文本和表格转化为简单清晰的图表。除了具备多种绘图功能，亿图图示软件还能与其他办公软件相兼容，可以轻松通过软件将文件导出为 Word、Excel、PPT、图片、PDF、Html、svg、PS 等各种格式。

1）亿图图示软件系统支持。使用亿图图示，系统需要满足以下要求。

① Windows：Windows 2000/2003/2008/Vista/7/8/10/11（32 bit/64 bit）。

② Mac：Mac OS X 10.10 及以上版本。

③ Linux：Debian、Ubuntu、Fedora、CentOS、openSUSE、Mint、Knoppix、Red Hat、Gentoo 等。

④ 至少 2GB RAM 和 4GB 硬盘空间（不包括项目空间）；1024×768 或更高的显示器分辨率；鼠标和键盘。

2）亿图图示软件的安装与卸载。

进入亿图图示软件下载页面https://www.edrawsoft.cn/edrawmax/，然后将亿图图示安装文件下载到计算机本地。

对于不同的系统，用户可以在下载页面上找到不同的安装和卸载方法。

① 如何安装软件如图 2-15 所示。

图 2-15 软件安装

a）下载软件 b）双击安装软件 c）运行程序

② 如何卸载软件。用户可以单击安装文件夹中的 unins000.exe 文件（如图 2-16 所示），来完全删除该程序。

3）亿图图示软件的激活与反激活。

① 如何激活软件。要获得亿图图示软件的全部功能，用户可以激活软件并使用高级版本。软件激活是一种反盗版技术，旨在验证软件产品是否合法许可。它的工作原理是检查有效的产品密钥是否在另一台超过允许数量的设备中使用。

图 2-16　软件卸载

使用计算机管理员权限运行亿图图示软件，并在"帮助"菜单中单击"激活"按钮，如图 2-17 所示。

图 2-17　"激活"按钮

单击"激活"按钮后，打开"注册"对话框（如图 2-18 所示），用户可以在其中输入自己的"用户名"和"产品密钥"，然后单击"激活"按钮。

如果用户没有产品密钥，但是想在试用期结束后继续使用亿图图示，可以单击"立即购买"按钮进入产品购买页面：https://www.edrawsoft.cn/order/max_buy.html。

② 如何反激活软件。如果想激活另一台计算机上的亿图图示软件，则必须反激活（停用）本台计算机上的软件。

打开"帮助"菜单，单击"反激活"按钮，如图 2-19 所示。

单击"反激活"按钮后，当前计算机的亿图图示软件会变成未激活版本，但用户可以选择在另一台计算机上激活它。

 注意：反激活后有 30 天的冷却期。

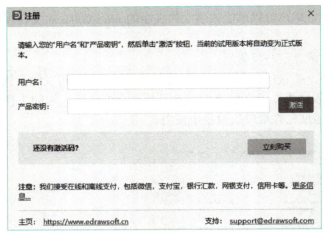

图 2-18 "注册"对话框

图 2-19 "反激活"按钮

（2）亿图图示软件的操作方法

1）文档界面。当在计算机上启动亿图图示软件时，它将直接打开文档界面，如图 2-20 所示。在这里可以创建和管理文档、搜索和使用模板、导入 Visio 或其他格式文件，以及修改软件的常规选项。该界面也是亿图图示软件操作界面的入口。

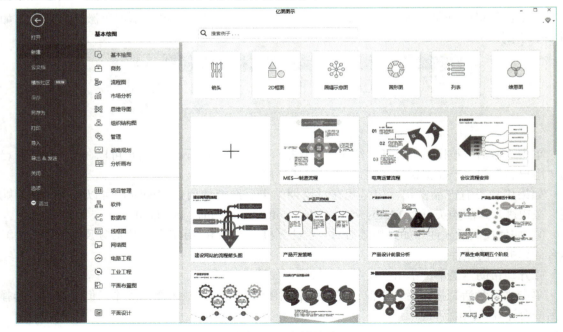

图 2-20 文档界面

2）操作界面。在操作界面中，用户将看到快速访问工具栏、菜单栏、画布、属性栏、符号库和状态栏。熟悉这些功能区域将帮助用户更有效地完成图形绘制。
- 快速访问工具栏：一键式访问常用命令，例如撤销、重做、打开、保存、打印和导出。用户也可以根据自己的喜好自定义该区域。
- 菜单栏：由主要工具栏组成，所有命令和控件都分布在不同选项卡和分组中。
- 画布：它是用户界面的核心，用户可以在其中创建图形图表。
- 属性栏：它包含一系列由图标表示的功能，单击其中一个图标时，相应的面板将展开。
- 符号库：默认情况下，当用户选择要在亿图图示中绘制的图表类型时，符号库将显示相关的形状和符号。
- 状态栏：用户可以在画布下方找到状态栏，用户可以在其中管理文档界面、调整缩放级别，以及以全屏模式显示画布。

在亿图图示中，可以更改界面的主题颜色，软件提供三种主题：蓝色、深紫色和深灰色。单击界面右上角的"选项"按钮，选择所需的颜色。

如果用户不喜欢系统预设的格式，则可以使用自定义格式设置来自定义形状的样式。转到"文件"菜单，单击"选项"→"默认设置"（如图 2-21 所示），然后，选择自己喜欢的字体、连接线、主题颜色和页面尺寸。接下来，用户就可以用简单直观的方式开始绘制图表了。

图 2-21 默认设置

在综合布线设计中，常用亿图图示绘制网络拓扑图、布线系统拓扑图、信息点分布图等。图 2-22 所示为用亿图图示绘制的楼层布线示意图。

3．用亿图图示软件绘制布线图

经过亿图图示软件的学习，并结合信息学院校园网综合布线系统工程任务分析，已经知道了如何根据工程任务利用亿图图示软件制作出施工用的图文件。因所涉及的图较多，不能一一列出，仅以信息学院网络布线工程的第 1 号楼至第 2 号楼间的光纤布线图为实例予以展示，如图 2-23 所示。

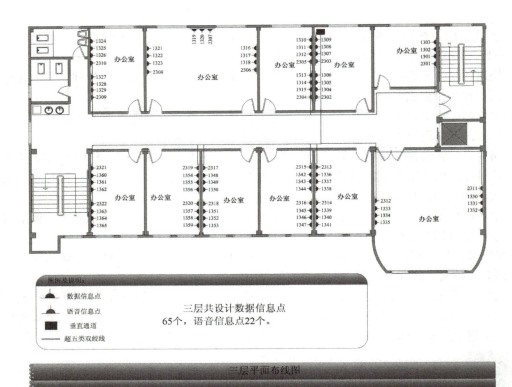

图 2-22 楼层布线示意图

第1号楼至第2号楼间的光纤布线图

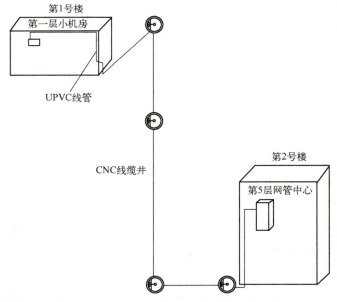

图 2-23 第 1 号楼至第 2 号楼间的光纤布线图

2.3 任务实施——工程设计案例

掌握了网络综合布线系统工程设计的方法与步骤后,结合具体工程案例(学校网络综合布线系统工程设计方案),给出以下设计方案。

2.3.1 用户需求分析

根据用户单位环境布局(见图 1-1)和实际需要,经过实地测量,本工程主要任务是楼宇(建筑群)之间及信息中心楼(第 2 号楼)要采用光纤进行连接,其余楼内及其他各节点处采用双绞线布线。其中,信息中心楼(第 2 号楼 5 层,包含网管中心和管理办公室)是整个校园网连接的中心,通过它能够使整个校区的互联,形成统一、高效、实用、安全的校园网,具体综合布线系统工程的需求是:

1) 系统为开放式结构,支持高速率数据传输,能传输数字、多媒体、视频、音频信息。
2) 能够满足学院日常办公、对外交流、教学过程和教务管理的需要。
3) 能够通过中国网通、中国电信和中国联通的网络联入 Internet。
4) 依据实际需要,系统应具有可扩展性、开放性和灵活性。

根据用户单位提供的平面图,统计有 760 个信息点,分布于第 1、2、3、4 号楼内。其中,第 1 号楼信息点 100 个,第 2 号楼信息点 200 个,第 3 号楼信息点 160 个,第 4 号楼信息点 300 个。

本布线系统设计选用 6 类布线系统解决方案,数据主干选用光纤系统解决方案,语音主干选用 3 类大对数铜缆。整个布线系统选用星形结构,各信息点自插座至各楼层弱电竖井处上楼层配线架,最后通过数据/语音主干线缆统一连接至位于信息中心楼(第 2 号楼 5 层)中心主机房,以便于集中式管理。

2.3.2 布线系统设计依据

1. 设计标准

1) TIA/EIA—568 商业建筑通信布线系统标准。
2) TIA/EIA—569 商业建筑电信通道及空间标准。
3) TIA/EIA—606 商业建筑物电信基础结构管理标准。
4) TIA/EIA—607 商业建筑物接地和接线规范标准。
5) ISO/ IEC 11801 信息技术—用户房屋综合布线标准。
6) IEEE 802/ ISO IEEE 802.1—11 局域网布线标准。
7) EM55022/ ClassB 级/DDINVDE0878EMC 电磁干扰标准。
8) GB/T 50311—2016 建筑与建筑群综合布线系统工程设计规范。
9) GB/T 50314—2015 智能建筑设计标准。
10) GB 50057—2011 建筑物防雷设计规范。
11) GB 3482—2008 电子设备雷击保护原则。

12）YD/T 926—2009 大楼通信综合布线系统 第1部分：总规范。
13）YD/T 926.2—2009 大楼通信综合布线系统 第2部分：电缆、光缆技术要求。
14）YD/T 926.3—2009 大楼通信综合布线系统 第3部分：连接硬件技术要求。
15）YD J13—1989 电信网光纤数字传输系统工程设计暂行技术规定。
16）CECS 72：97 建筑与建筑群综合布线系统工程设计规范。

2．安装与验收规范

1）CECS 89:97 建筑与建筑群综合布线系统工程施工及验收规范。
2）GB/T 50312—2016 建筑与建筑群综合布线系统工程验收规范。
3）GB 2887—2011 计算机场地技术要求。
4）GB 9361—2011 计算机场地安全要求。

3．设计原则

1）项目中采用的产品均符合国际 TIA/EIA 568 及国内布线相关标准。
2）水平子系统和垂直子系统采用星形拓扑结构，水平线缆长度最大不能超过 90m，如果考虑跳线、接插线和设备电缆，可再增加 10m，超过 10m 的长度应从水平子系统的 90m 限额中减去。
3）对于每个建筑物，所选择的光纤应满足业务和距离的要求。
4）应采用符合布线标准的结构化设计，便于信息点的增加、扩展、变更、移动，易于系统维护管理。
5）每个主配线终端和通信配线间的语音终端和数据终端应分开。
6）每个工作站或工作区域有 2 条 4 对专用水平线缆，分别用于语音和数据传输。
7）配线间位置的设置应满足 90m 的最长水平配线要求，超出 90m 时采用多个配线间。

4．布线要求

信息中心位于 2 号楼，通过光缆分别连至校内的其他建筑，在各建筑内部采用选用 6 类布线连接到设备间的配线架上。

2.3.3 布线工程子系统配置方案

信息学院综合布线系统工程需要完成 6 个子系统的配置。

1．工作区子系统设计

工作区子系统由终端设备连接到信息插座的连线及信息插座所组成，设计分为 3 个部分。
（1）终端到信息插座的走线
1）工作区子系统中各工作区采用高架地板布线方式，该方式施工简单、方便管理、布线美观，并且可以随时扩充。
2）先高架地板下安装布线管槽，然后在走廊地面或桥架中引入缆线穿入管槽，再连接至安装于地板的信息插座。
3）信息插座安装在墙壁上距离地面 30cm 以上的位置。
4）信息插座与计算机终端设备的距离保持在 5m 以内。
5）每一个工作区至少应配置一个 220V 交流电源插座，选用带保护接地的电源插座，保护地线与零线应严格分开。

6）终端网卡的接口要与线缆类型接口保持一致。

（2）模块安装方法

1）将双绞线按模块上标明的颜色对应插入。

2）将上面板往下扣好，保证每条线都对应入槽。

3）将模块扣上面板。

（3）插座面板选择

使用标准双位插座面板，具有防尘弹簧盖板，其功能有单口、双口、斜角双口 3 种规格，外形尺寸为 86mm×86mm，可配合底座明装盒或暗盒使用。

经统计，学校项目所有工作区所需的信息模块数为 783 个、信息插座 787 个、面板 1574 个、RJ-45 模块 3496 个。

信息模块的需求量一般为 $m=n+n\times3\%$。其中，m 是信息模块的总需求量；n 是信息点的总量；$n\times3\%$ 是余量。

RJ-45 模块的需求量一般为 $m=n\times4+n\times4\times15\%$。其中，$m$ 是 RJ-45 模块的总需求量；n 是信息点的总量；$n\times4\times15\%$ 是留有的余量。

2．水平子系统设计

水平子系统主要是实现信息插座和管理子系统的连接，即中间配线架间的连接，也就是从房间内的信息点引出并布到相应的配线机柜内。水平子系统布线距离应不超过 90m，信息插孔到终端设备连线不超过 10m，RJ45 埋入式信息插座与其旁边电源插座应保持 20cm 的距离，信息插座和电源插座的低边沿线距地板水平面 30cm。采用 PVC 线槽安装，预埋在墙体中间的最大管径为 50mm。楼板中暗管的最大管径为 25mm。直线布管每 30m 处设置过线盒装置，暗管的转弯角度大于 90°。在本案例中，水平线缆自插座（距地面通常为 30cm）走墙内预埋管，至吊顶出房间汇至走廊水平线槽，从线槽引出金属管，最后至楼层配线间，实际距离可以从校园平面图算出。

3．管理子系统设计

管理子系统由交连、互连和输入/输出组成，实现配线管理，为连接其他子系统提供手段。对于校园网设计方案中，将各个楼层的信息点通过 PVC 管槽走墙边通向各个楼层的配线机柜，机柜里放置 6 类 24 口配线架，对各个信息点的接头进行跳线配置，再通过配线架与交换机相连。采用 6 类 24 口配线架（由安装板和 6 类 RJ-45 模块组合而成），可安装在标准机架上，只占用 1U 空间，占用地方小，搬运迁移方便。插座正面是标准的 RJ-45 插座，端口性能达到超五类性能的要求，屏蔽性能完全符合标准要求。数据主干光缆的端接采用 12 端口光纤分线盒。6 类系列跳线在设备间用于连接配线架到网络设备端口，在终端用于连接墙面插座到终端设备的计算机网络接口。

4．垂直子系统设计

垂直子系统指提供建筑物的主干电缆的路由，实现主配线架与中间配线架，计算机、交换机、控制中心与各管理子系统间的连接。垂直子系统采用星形拓扑结构，所有通信要经过中心节点来支配，维护管理方便，便于重新配置，用户可以在楼层配线架上任意增加、删除、移动、互换某个或某些信息插座，而且仅仅涉及它们所连接的终端设备，便于故障隔离与检测。

垂直子系统主干采用 8 芯多模光纤，其优点包括光耦合率高，纤芯对准要求相对较宽松。当计算机数据传输距离超过 100m 时，用光纤作为主干将是最佳选择，其传输距离可达到 2km。布线时光纤电缆要走线槽；在地下管道中穿过时要用 PVC 管；在拐弯处，其曲率半径为 50cm；光纤电缆的室外裸露部分要加铁管保护，铁管要固定牢固，不要拉得太紧或太松，并要有一定的膨胀收缩余量；在埋地走线时，要加铁管加以保护以防止发生意外。

5．设备间子系统设计

设备间子系统由设备室的电缆、连接器和相关支持硬件组成，把各种公用系统设备互连起来。本案例中采用多设备间子系统，包括信息中心、办公教学楼、图书馆等设备间子系统。多媒体教室用楼、信息中心楼（2 号楼）、办公楼（3 号楼）、教学主楼（4 号楼）、图书馆（1 号楼）等设备间子系统配有标准机柜，在机柜内安装有配线架、交换机、光纤连接器等设备。水平干线线缆与机柜的配线架连接，再通过跳线接入交换机。设备间中使用的电频率为 50Hz，电压为 380V/220V。为管理方便，用玻璃将设备阻隔成若干个房间，隔断墙选用防火的铝合金或轻钢做龙骨，安置 10mm 厚玻璃。

6．建筑群子系统设计

建筑群子系统是实现建筑之间的相互连接、提供楼群之间通信设施所需的硬件。在有线通信线缆中，建筑群子系统多采用 62.5/125μm 单模光纤，其最大传输距离为 1km。本案例中，将使用光纤把办公楼（3 号楼）、教学楼（4 号楼）、图书馆（1 号楼）与信息中心楼（2 号楼）互联，敷设方式采用暗埋深沟填铺的方式进行。进入主设备间的所有光纤、大多数电缆、电信电缆都采用金属桥架或钢管进行硬件保护，避免人员和设备遭受外部电压和电流的伤害。

2.3.4 工程实施内容

1．布线设计

在完成布线工艺配置方案设计并得到贵方确认后，乙方须与有关建筑设计部门合作完成建筑的管线设计或修正。

2．布线施工与督导

在布线过程中，乙方除具体施工外，将实施技术性的指导和非技术的工程管理、协调。

3．线路测试

工程完工后，将选用布线产品厂家认定的专用仪器对系统进行导通、接续测试，并提交测试证明报告。

4．系统联调

在系统的线路测试后，选择若干站点，对外部连接网络设备进行连通测试，并提供测试报告。

5．工程验收

经过开工前检查、随工验收、初步验收、竣工验收四个阶段，确保指标合格后，双方签字认定工程验收完毕，并协同布线产品公司完成工程保证体系。

6．文档

验收后，乙方将以文本方式向甲方提供包括系统设计与方案配置、施工记录等在内的文档。

2.3.5 布线系统保护

综合布线电缆和相关连接硬件接地是提高应用系统可靠性、抑制噪声、保障安全的重要手段。因此，设计人员、施工人员在进行布线设计施工前，都必须对所有设备，特别是应用系统设备的接地要求进行认真研究，弄清接地要求以及各类地线之间的关系。如果接地系统处理不当，将会影响系统设备的稳定性，引起故障，甚至会烧毁系统设备，危害操作人员生命安全。综合布线系统机房和设备的接地，按不同作用分为直流工作接地、交流工作接地、安全保护接地、防雷保护接地、防静电接地及屏蔽接地等。

1．机房独立接地要求

根据《数据中心设计规范》（GB 50174—2017）中对接地的要求：交流工作接地、安全保护接地、防雷接地的接地电阻应≤4Ω，本设计的接地电阻≤2Ω，以提高安全性和可靠性。机房设独立接地体接地网，要求接地桩距离大楼基础15～20m。

2．机房接地系统

机房接地系统是为了消除公共阻抗的耦合，防止寄生电容耦合的干扰，保护设备和人员的安全，保证计算机系统稳定可靠运行的重要措施。如果接地与屏蔽正确地结合起来，那么将是在抗干扰设计上最经济而且效果最显著的一种。因此，为了能保证计算机系统安全、稳定、可靠地运行，保证设备和人身的安全，针对不同类型计算机的不同要求，设计出相应的接地系统。

3．线路防护

进入建筑物的所有线路必须安装电涌保护器，低压配电线路应设计三级保护。

2.3.6 信息中心布线位置

信息中心布线是本次工程任务的关键，所有布线任务均以信息中心为核心进行，因此单独做一下介绍，具体如下。

1）信息中心建立在学院的第 2 号楼。
2）管理间设在信息中心楼 5 层 501 房间（可以和设备间混用）。
3）每层设备间分别在 1 层 101 房间、2 层 201 房间、3 层 301 房间、4 层 401 房间。
4）信息中心与其他各楼层设备间的连接采用光缆敷设，作为主干线。
5）每楼层中以 6 类非屏蔽双绞线为主体的水平干线，布线结构为星形结构。
6）信息中心机柜选用 1.9m 国产标准机柜，其他网络管理使用 0.5m 国产标准机柜。
7）信息端口分布见表 2-1。

表 2-1 信息端口分布

楼层号	房间数	每房间信息点数	信息点总数
第 1 层	9	4	36
第 2 层	12	6	72
第 3 层	10	6	60
第 4 层	15	4	60
第 5 层	12	4	48

图 2-24 是其中一个房间的综合布线设计布置图。

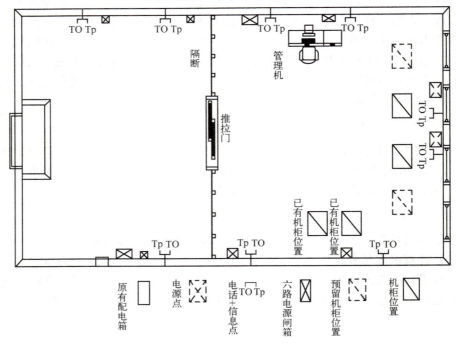

图 2-24 网络中心综合布线设计布置图

2.4 素养培育

工匠精神是国家的魂、民族的本，也是中国制造走向世界的重要基础。对青年一代而言，这一精神并不遥远，其中蕴含的爱岗敬业、精益求精、勇于创新、耐心专注等品质，与我们的生活息息相关。因此，我们更应担起肩上的责任，继承并发扬工匠精神，为中华民族屹立于世界民族之林而不懈奋斗。

鲁班就是其中优秀的工匠的代表，其年幼时就展现出对土木建筑的兴趣。

一次，他在爬山时被边缘长着锋利细齿的山草划破了手指，想到自己砍伐木料时，常因为斧子不够锋利而苦恼，心中顿时一亮。他请铁匠照草叶的边缘打造了一把带齿子的铁片，又做了个木框使铁片变得更直更硬，打造了一把锯木的好工具——就是后世使用的锯子。不仅如此，鲁班还发明了墨斗、石磨、锁钥等工具，是名副其实的发明大家。

鲁班的事迹也凝结为以爱岗敬业、刻苦钻研、勇于创新等品质为内核的"鲁班精神"，成为世代工匠追求的自我修养。

2.5 习题与思考

2.5.1 填空题

1. 综合布线网络拓扑结构图中的功能部件主要有_____、_____、_____、_____、_____、_____。
2. 根据网络综合布线工程的要求，工程图一般有_____、_____、_____、_____、_____需要绘制。

2.5.2 思考题

1. 综合布线系统设计分几个等级？每个设计等级的基本配置是什么？
2. 综合布线系统设计的原则是什么？主要内容是什么？流程有哪些？
3. 在工作区子系统中，如何确定信息插座数量？
4. 在水平子系统中，计算线缆用量常使用什么方法？
5. 简要说明工程图绘制要点。

模块 3　通信介质与布线组件

学习目标

【知识目标】

- 掌握双绞线、同轴电缆以及光缆的组成、特点、性能及分类。
- 掌握双绞线、同轴电缆以及光缆的选择方法。
- 了解无线传输介质的特性。
- 掌握各种布线组件的名称、功能。
- 熟悉各种布线组件的分类及其特点。

【能力目标】

- 能够为真实的综合布线系统选择合适的通信介质。
- 能够为真实的综合布线系统选择适当的布线组件。

【竞赛目标】

对标赛项基本要求，应具备选择适当的材料和布线组件能力。

【素养目标】

了解民族企业的崛起，培养学生爱岗敬业、艰苦奋斗、自信自强的民族精神。

综合布线系统主要解决的是网络中信号通信的问题，而承担信号通信任务的就是传输介质，它可以分为有线传输介质和无线传输介质两种。在一个网络综合布线工程中，首要的问题就是确定合适的传输介质。

3.1　任务 1　选择通信介质

3.1.1　任务引入

综合布线系统中各种应用设备的连接都是通过传输介质和相关硬件来完成的，不同需求、不同环境对介质的要求不同。综合布线系统中传输介质选择得正确与否、质量的好坏，对网络布线方案的质量和网络传输的速度都有很大的影响，它直接关系到布线系统的可靠性和稳定性。因此，充分了解不同传输介质的特性，对于使用线缆来设计网络布线方案有着很重要的意

义。本任务根据案例布线项目的要求,通过选取合适的通信介质,满足工程任务需要。具体任务如下:

1) 为校园内楼间选择合适的通信介质。
2) 为信息中心楼楼层之间选择合适的通信介质,并接入 Internet。
3) 为信息中心楼各楼层及房间选择合适的通信介质。

3.1.2 任务分析

根据前面提出的任务以及目前市场上通信介质的应用情况,通过对比分析,得出以下结论:校园内楼间选用光纤作为主干网的通信介质;信息中心楼楼层之间作为一个垂直子系统,对网络的性能要求较高,而且要求接入 Internet,适合选用光纤作为通信介质;信息中心楼各楼层作为一个水平子系统,信息流量较大,适合选用光纤作为通信介质;对于每层楼上的房间,由于所涉及的范围相对较小,适合选用 6 类非屏蔽双绞线作为通信介质。

本任务涉及的通信介质的性能及适用范围,相关知识讲解如下。

3.2 知识链接——通信介质

网络传输介质是网络中信息传输的物质基础,传输介质的特性对网络数据通信有决定性的影响。传输介质包括有线传输介质和无线传输介质两大类。有线传输介质主要包括同轴电缆、双绞线和光纤三种,无线传输介质主要包括无线电波、微波、红外线和激光等。

3.2.1 同轴电缆

1. 组成及分类

同轴电缆(Coaxial Cable)由一对导体以"同轴"的方式构成,如图 3-1 所示。一般的同轴电缆共有 4 层,最里层是由铜质导线组成的内芯,外包一层绝缘材料,这层绝缘材料外面环绕着一层热熔铝箔及一层密织的网状屏蔽层,用来将电磁干扰屏蔽在电缆之外,最外面是起保护作用的塑料外套。单根同轴电缆的直径为 1.02~2.54cm。与双绞线相比,同轴电缆的屏蔽性更好,因此在更高速度上可以传输得更远。

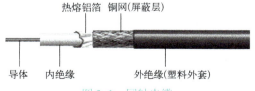

图 3-1 同轴电缆

常用的同轴电缆基本上分为两种:一种是 50Ω 电缆,用于数字传输,由于多用于基带传输,也叫基带同轴电缆;另一种是 75Ω 电缆,用于模拟传输,也叫作宽带同轴电缆。

(1) 基带同轴电缆

基带同轴电缆的特点是阻抗特性均匀,具有极好的电磁干扰屏蔽性能,在传输过程中,信号将占用整个信道，因而数字信号可以直接加载到电缆上，基带同轴电缆最高传输速率为 10Mbit/s，一般最大传输距离为 1km 或几千米。

（2）宽带同轴电缆

宽带同轴电缆用于传输不同频率的模拟信号，有线电视网（CATV Network）使用的就是宽带同轴电缆。宽带同轴电缆的传输性能要比基带同轴电缆好，但为了在模拟网上传输数字信号，要在接口处安放一个信号处理设备（例如调制解调器），将进入网络的比特流转换为模拟信号，并将网络输出模拟信号再转换成比特流。

2．参数指标

（1）主要电气参数

1）同轴电缆的特性阻抗。同轴电缆的平均特性阻抗为（50±2）Ω，沿单根同轴电缆的阻抗的周期性变化为正弦波，中心平均值为±3Ω，其长度小于 2m。

2）同轴电缆的衰减。一般指 50m 长的电缆段的衰减值。当用 10MHz 的正弦波进行测量时，它的值不超过 8.5dB（17dB/km），而用 5MHz 的正弦波进行测量时，它的值不超过 6.0dB（12dB/km）。

3）同轴电缆的传播速度。需要的最低传播速度为 $0.77c$（c 为光速）。

4）同轴电缆直流回路电阻。电缆的中心导体的电阻与屏蔽层的电阻之和不超过 10mΩ/m。

（2）主要物理参数

同轴电缆具有足够的可柔性，能支持 254mm 的弯曲半径。中心导体是直径为（2.17±0.013）mm 的实心铜线；绝缘材料必须满足同轴电缆电气参数；屏蔽层是由满足传输阻抗和结构规范的金属带或薄片组成，屏蔽层的内径为 6.15mm，外径为 8.28mm；外部隔离材料一般选用 PVC 材料。

3.2.2 双绞线

1．组成及分类

双绞线（Twisted Pair）是综合布线工程中最常用的一种传输介质。双绞线由两根具有绝缘保护层的铜导线组成，如图 3-2 所示。把两根绝缘的铜导线按一定密度互相绞在一起，可降低信号干扰的程度，每一根导线在传输中辐射的电波会被另一根线上发出的电波抵消。把一对或多对双绞线放在一个绝缘套管中便成了双绞线电缆。与其他传输介质相比，双绞线虽然在传输距离、信道宽度和数据传输速度等方面均受到一定限制，但价格较低。

虽然双绞线主要是用来传输模拟声音信息的，但同样适用于数字信号的传输，特别适用于较短距离的信息传输。在传输期间，信号的衰减比较大，并且产生波形畸变。采用双绞线的局域网的带宽取决于所用导线的质量、长度及传输技术。只要精心选择和安装双绞线，就可以在有限距离内达到每秒几百万位的可靠传输率。当距离很短，并且采用特殊的电子传输技术时，传输率可达 100～155Mbit/s。由于利用双绞线传输信息时要向周围辐射，信息很容易被窃听，因此要花费额外的代价加以屏蔽。目前，双绞线可分为屏蔽双绞线（Shielded Twisted Pair，STP）和非屏蔽双绞线（Unshielded Twisted Pair，UTP）。

图 3-2 双绞线

（1）屏蔽双绞线

如图 3-3 所示，STP 的外层由铝箔包裹，以减小辐射，但并不能完全消除辐射。但它有较高的传输速率，即 100m 内可达到 155Mbit/s。屏蔽双绞线价格相对较高，安装时要比非屏蔽双绞线电缆困难。与同轴电缆类似，它必须配有支持屏蔽功能的特殊连接器和相应的安装技术。所以，除非有特殊需要，通常在综合布线系统中只采用非屏蔽双绞线。

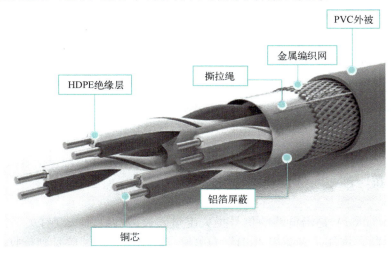

图 3-3 屏蔽双绞线（STP）

（2）非屏蔽双绞线

如图 3-4 所示，UTP 对电磁干扰的敏感性较大，而且绝缘性不是很好，信号衰减较快，与其他传输介质相比在传输距离、带宽和数据传输速率方面均有一定的限制。它的最大优点是直径小、重量轻、易弯曲、价格便宜、易于安装，具有独立性和灵活性，适用于综合布线系统，所以被广泛用于传输模拟信号的电话系统。

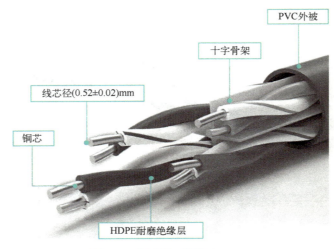

图 3-4 非屏蔽双绞线（UTP）

通常，还可以将双绞线按电气性能划分为 3 类、4 类、5 类、超 5 类、6 类、7 类等类型，数字越大，版本越新，技术越先进，带宽也越宽。网络综合布线使用第 5、6、7 类双绞线。3 类、4 类双绞线目前在市场上几乎没有了。目前在一般局域网中常见的是超 5 类、6 类或 7 类非屏蔽双绞线。几种 UTP 的主要性能参数见表 3-1。

表 3-1 UTP 的主要性能参数

UTP 类别	最高工作频率/MHz	最高数据传输速率/（Mbit/s）	主要用途
3 类	16	10	10BASE-T 网络
4 类	20	16	10BASE-T 网络
5 类	100	100	10BASE-T 和 100BASE-T 的网络
超 5 类	100	155	10BASE-T、100BASE-T 和 1000Mbit/s 的网络
6 类	250	250	1000Mbit/s 的以太网
7 类	600	1000	1Gbit/s 的以太网

2．性能指标

对于双绞线，用户最关心的是表征其性能的几个指标。这些指标包括衰减、近端串扰、直流电阻、特性阻抗、衰减串扰比、电缆特性等。

（1）衰减

衰减（Attenuation）是沿链路的信号损失度量。衰减与线缆长度有关系，随着长度的增加，信号衰减也随之增加。衰减用"dB"为单位，表示源传送端信号到接收端信号强度的比率。由于衰减随频率变化而变化，因此应测量在应用范围内的全部频率上的衰减。

（2）近端串扰

串扰分近端串扰（Near End Cross-Talk，NEXT）和远端串扰（Far End Cross-Talk，FEXT），测试仪主要是测量 NEXT，由于存在线路损耗，因此 FEXT 的量值的影响较小。近端串扰损耗是测量一条 UTP 链路中从一对线到另一对线的信号耦合。对于 UTP 链路，NEXT 是一个关键的性能指标，也是最难精确测量的一个指标。随着信号频率的增加，其测量难度将加大。NEXT 并不表示在近端点所产生的串扰值，它只表示在近端点所测量到的串扰值。这个量值会随电缆长度不同而变,电缆越长,其值变得越小。同时,发送端的信号也会衰减,对其他线对的串扰也相对变小。实验证明,只有在 40m 内测量得到的 NEXT 值是较真实的。如果另一端是远于 40m 的信息插座,那么它会产生一定程度的串扰,但测试仪可能无法测量到这个串扰值。因此,最好在两个端点都进行 NEXT 测量。现在的测试仪都配有相应设备,使得在链路一端就能测量出两端的 NEXT 值。

(3) 直流电阻

直流电阻是指一对导线电阻的和,直流环路电阻会消耗一部分信号,并将其转变成热量。11801 规格的双绞线的直流电阻不得大于 19.2Ω。每对双绞线间的差异不能太大(小于 0.1Ω),否则表示接触不良,必须检查连接点。

(4) 特性阻抗

与环路直流电阻不同,特性阻抗包括电阻及频率为 1~100MHz 的电感阻抗及电容阻抗,它与一对电线之间的距离及绝缘体的电气性能有关。各种电缆有不同的特性阻抗,而双绞线电缆的特性阻抗则有 100Ω、120Ω 及 150Ω 几种。

(5) 衰减串扰比(Attenuation-to-Crosstalk Ratio,ACR)

在某些频率范围内,串扰与衰减量的比例关系是反映电缆性能的另一个重要参数。ACR 有时也以信噪比(Signal-to-Noise Ratio,SNR)表示,它由最差的衰减量与 NEXT 量值的差值计算得出。ACR 值较大表示双绞线抗干扰的能力更强。一般系统要求 ACR 至少大于 10dB。

(6) 电缆特性

通信信道的品质是由它的电缆特性描述的。SNR 是在考虑到干扰信号的情况下,对数据信号强度的一个度量。如果 SNR 过低,将导致数据信号在被接收时,接收器不能分辨数据信号和噪声信号,最终引起数据错误。因此,为了将数据错误限制在一定范围内,必须定义一个最小的、可接收的 SNR。

3. 常用的双绞线线缆

(1) 5 类双绞线

5 类双绞线是数据、语音等信息通信业务使用的多媒体线材,被广泛应用于以太网、宽带接入工程中,5 类双绞线传输频率为 100MHz,适用于百兆以下的网,主要用于 100BASE-T 网络,它的标识是"CAT5"。5 类双绞线分为 5 类 4 对非屏蔽双绞线和 5 类 4 对屏蔽双绞线。

1) 5 类 4 对非屏蔽双绞线。

① 线缆规格为 24 的实心裸铜导体,以氟化乙烯做绝缘材料,传输频率达 100MHz。导线色彩编码见表 3-2。

表 3-2 5 类 4 对非屏蔽双绞线的导线色彩编码

线对	色彩码
1	白/蓝//蓝
2	白/橙//橙
3	白/绿//绿
4	白/棕//棕

注:表中单斜杠表示一条混合线,双斜杠表示另外一条单颜色的线。

② 电气特性见表 3-3。其中,直流阻抗项"9.38ΩMAX.Per100m@20℃"是指在 20℃恒定温度下,每 100m 的双绞线的电阻为 9.38Ω。

表 3-3 5 类 4 对非屏蔽双绞线的电气特性

频率需求	阻抗/Ω	最大衰减值/ (dh/100)	NEXT/dB （最差对）	直流阻抗
256kHz	—	1.1	—	
512kHz	—	1.5	—	
772kHz	—	1.8	66	
1MHz		2.1	64	
4MHz		4.3	55	
10MHz		6.6	49	9.38Ω MAX. Per 100m @ 20℃
16MHz	85～115	8.2	46	
20MHz		9.2	44	
31.25MHz		11.8	42	
62.50MHz		17.1	37	
100MHz		22.0	34	

2）5 类 4 对屏蔽双绞线。

5 类双绞线传输频率为 100MHz，适用于有电磁干扰以及对数据安全性要求较高的环境。

① 线缆规格为 24 的裸铜导体，以氟化乙烯做绝缘材料，内有一条 24AWG TPG 漏电线。传输频率达 100MHz，导线色彩编码见表 3-4。表中屏蔽项 "0.002[0.051]铝/聚酯带最小交叠@20℃及一根 24AWG TPC 漏电线"的含义是屏蔽层厚度为 0.002mm 或 0.051in，@20℃代表在 20℃恒定温度下。

表 3-4 5 类 4 对屏蔽双绞线的导线色彩编码

线对	色彩码	屏蔽
1	白/蓝//蓝	
2	白/橙//橙	0.002[0.051]铝/聚酯带最小交叠@20℃及一根 24AWG TPC 漏电线
3	白/绿//绿	
4	白/棕//棕	

② 电气特性见表 3-5。

表 3-5 5 类 4 对 24AWG100Ω屏蔽双绞线的电气特性

频率需求	阻抗/Ω	最大衰减值/ (dh/100)	NEXT/dB （最差对）	直流阻抗
256kHz	—	1.1	—	
512kHz	—	1.5	—	
772kHz	—	1.8	66	
1MHz		2.1	64	
4MHz		4.3	55	
10MHz		6.6	49	9.38Ω MAX.Per 100m @ 20℃
16MHz	85～115	8.2	46	
20MHz		9.2	44	
31.25MHz		11.8	42	
62.50MHz		17.1	37	
100MHz		22.0	34	

（2）超5类双绞线

超5类非屏蔽双绞线是在对现有5类屏蔽双绞线的部分性能加以改善后出现的双绞线，不少性能参数，如近端串扰、衰减串扰比、回波损耗等都有所提高。

超5类双绞线也是采用4个线对和1条抗拉线，线对的颜色与5类双绞线完全相同，分别为白橙、橙、白绿、绿、白蓝、蓝、白棕和棕。超5类非屏蔽双绞线通常只被应用于100Mbit/s快速以太网，实现桌面交换机到计算机的连接。超5类双绞线的标识是"CAT5E"，带宽为155Mbit/s，是目前的主流产品。通过对它的"链接"和"信道"性能的测试表明，与5类双绞线相比，超5类双绞线衰减更小，串扰更少，同时具有更高的ACR和SNR、更小的时延误差，性能得到了提高。

（3）6类及超6类双绞线

6类双绞线是指6类非屏蔽双绞线，它的标识是"CAT6"。

6类双绞线的各项参数都有大幅提高，它提供2倍于超5类双绞线的带宽。6类双绞线布线的传输性能远远高于超5类双绞线的标准，最适用于传输速率高于千兆网的应用。6类双绞线在外形上和结构上与5类或超5类双绞线都有一定的差别，不仅增加了绝缘的十字骨架，将双绞线的4对线分别置于十字骨架的4个凹槽内，而且电缆的直径也更粗。

6类与超5类双绞线的一个重要的不同点在于：6类双绞线改善了在串扰以及回波损耗方面的性能，对于新一代全双工的高速网络而言，优良的回波损耗性能是极重要的。

6类双绞线的布线标准采用星形拓扑结构，要求的布线距离为：链路长度不能超过90m，信道长度不能超过100m。6类双绞线能以最佳的性能质量传输数据、图像和视频，支持千兆以太网1000BASE-T、1000BASE-Tx。

超6类双绞线是一种能够在40℃以上仍可正常运行的高性能布线系统，它的标识是"CAT6A"。"CAT6A"分为非屏蔽双绞线和屏蔽双绞线两种，非屏蔽双绞线从外观上看跟6类双绞线差不多，"CAT6A"的绞距更密些，而且导体也比较粗，最主要的区别还是在外护套PVC，"CAT6A"采用齿轮状的有线槽形状，可有效地改变增强信号，保证信号衰减的最小化。

（4）7类双绞线

7类双绞线是ISO标准中最新的一种双绞线，它主要为了适应万兆以太网的应用和发展。它是一种屏蔽双绞线，可以提供至少600MHz的整体带宽，是6类和超6类双绞线的2倍以上，传输速率可达10Gbit/s，它的标识是"CAT7"。

7类双绞线是双屏蔽双绞线，它的特点是编织网屏蔽+铝箔屏蔽，每一对线都有一个屏蔽层，4对线合在一起还有一个公共大屏蔽层，其结构如图3-5所示。

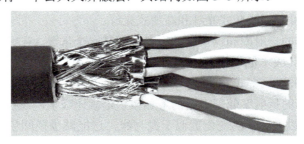

图3-5　7类双绞线（双屏蔽双绞线）

飞速发展的网络应用对带宽的需求不断增加，7类双绞线能够适应未来社会的发展需求。

3.2.3 光纤

1. 组成及分类

"光纤"是光导纤维的简称,是目前发展和应用最为迅速的信息传输介质。光纤与同轴电缆相似,只是没有网状屏蔽层。中心是传播光束的玻璃芯,它由纯净的石英玻璃经特殊工艺拉制成的粗细均匀的玻璃丝组成。它质地脆,易断裂。在多模光纤中,芯的直径是 15~50mm,与头发的粗细相当。而单模光纤芯的直径为 8~10mm。在玻璃芯的外面包裹一层折射率较低的玻璃封套,再外面是一层薄的塑料外套,用来保护光纤。光纤通常被扎成束,外面有外壳保护,其结构如图 3-6 所示。

光纤主要分为以下两大类。

(1) 传输点模/数分类光纤

传输点模/数分类光纤分为单模光纤(Single Mode Fiber)和多模光纤(Multi Mode Fiber),如图 3-7 和图 3-8 所示。

1) 单模光纤的纤芯直径很小,中心玻璃芯的芯径一般为 9μm 或 10μm,只能传输一种模式的光,即在给定的工作波长上只能以单一模式传输,传输频带宽,传输容量大,适用于远程通信。单模光纤对光源的谱宽和稳定性有较高的要求,即谱宽要窄,稳定性要好。

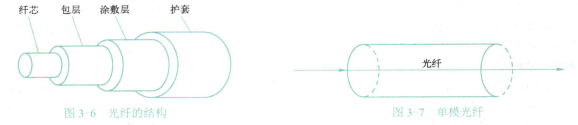

图 3-6 光纤的结构   图 3-7 单模光纤

2) 多模光纤中心玻璃芯较粗,芯径一般为 50μm 或 62.5μm,可传输多种模式的光,即在给定的工作波长上,能以多个模式同时传输。与单模光纤相比,多模光纤的传输性能较差。传输的距离比较近,一般只有几千米。

图 3-8 多模光纤

(2) 折射率分布类光纤

折射率分布类光纤可分为跳变式光纤和渐变式光纤。

1) 跳变式光纤纤芯的折射率和保护层的折射率都是一个常数。在纤芯和保护层的交界面,折射率呈阶梯形变化。其成本低,模间色散高,适用于短途低速通信。由于单模光纤模间色散很小,因此单模光纤都采用跳变式光纤。

2) 渐变式光纤纤芯的折射率随着半径的增加按一定规律减小,在纤芯与保护层交界处减小为保护层的折射率。纤芯折射率的变化近似于抛物线,这能减少模间色散,提高光纤带宽,增加传输距离,但成本较高,现在的多模光纤多为渐变式光纤。

折射率分布类光纤光束传输如图 3-9 和图 3-10 所示。

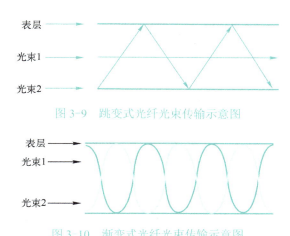

图 3-9　跳变式光纤光束传输示意图

图 3-10　渐变式光纤光束传输示意图

光纤的类型由模材料（玻璃或塑料纤维）及芯和外层的尺寸决定，芯的尺寸大小决定光的传输质量。常用的光纤有：

① 8.3μm 芯、125μm 外层、单模。
② 62.5μm 芯、125μm 外层、多模。
③ 50μm 芯、125μm 外层、多模。
④ 100μm 芯、140μm 外层、多模。

2．特点

与铜导线相比，光纤具有更好的性能。首先，光纤能够提供比铜导线高得多的带宽，在目前的技术条件下，一般传输速率可达几十兆比特每秒到几百兆比特每秒，其带宽可达 1Gbit/s，而在理论上，光纤的带宽可以是无限的。其次，光纤中光的衰减很小，在长线路上每 30km 才需要一个中继器，而且光纤不受电磁干扰，不受空气中腐蚀性化学物质的侵蚀，可以在恶劣环境中正常工作。再次，光纤不漏光，而且难以拼接，使得它很难被窃听，安全性很高，是国家主干网传输的首选介质，另外，光纤还具有体积小、重量轻、韧性好等特点，其价格也会随着工程技术的发展而下降。

3．连接方式

光纤有三种连接方式。

1）可以将它们接入连接头并插入光纤插座。连接头要损耗 10%～20% 的光，但是它使重新配置系统变得容易。

2）可以用机械方法将其接合。方法是将两根小心切割好的光纤的各一端放在一个套管中，然后衔接起来。可以让光纤通过结合处来调整，以使信号达到最大。训练过的人员花大约 5min 的时间完成机械接合，光的损失大约为 10%。

3）两根光纤可以被融合在一起形成连接。融合方法形成的光纤和单根光纤几乎是相同的，仅仅有一点衰减，但需要特殊的设备。

对于这三种连接方法，结合处都有反射，并且反射的能量会和信号交互作用。

4．发送和接收

有两种光源可被用作信号源：发光二极管（Light Emitting Diode，LED）和注入式激光二极管 ILD（Injection Laser Diode）。它们有着不同的特性，见表 3-6。

表 3-6 两种光源的特性对比

项目	LED	ILD
传输速率	低	高
模式	多模	多模或单模
距离	短	长
温度敏感度	较小	较大
造价	低	高

光纤的接收端由光电二极管构成，在遇到光时，它给出一个点脉冲。光电二极管的响应时间一般为 1ns，这就是把数据传输速率限制在 1Gbit/s 内的原因。热噪声也是个问题，因此光脉冲必须具有足够的能量以便被检测到。如果脉冲能量足够强，则出错率可以降到非常低的水平。用光纤传输电信号时，在发送端要将电信号用专门的设备转换成光信号，接收端由光检测器将光信号转换成脉冲电信号，如图 3-11 所示，再经专门的电路处理后形成接收的信息。

图 3-11 光纤的信号传输

5．接口

目前使用的接口有两种，即无源接口和有源中继器。无源接口由两个接头熔于主光纤形成，接头的一端有一个发光二极管或激光二极管（用于发送）。另一端有一个光电二极管（用于接收）。接头本身是完全无源的，因而是非常可靠的。

另一种接口被称作有源中继器（Active Repeater）。输入光在有源中继器中被转变成电信号，如果信号已经减弱，则重新放大到最强，然后转变成光信号再发送出去。连接计算机的是一根进入信号再生器的普通铜线。现在已有了纯粹的光中继器，这种设备不需要光电转换，因而可以以非常高的带宽运行。

6．光纤通信系统及其构成

（1）光纤通信系统

光纤通信系统是以光波为载体、光导纤维为传输媒体的通信方式，起主导作用的是光源、光纤、光发送机和光接收机。

光源是光波产生的根源；光纤是传输光波的导体；光发送机的功能是产生光束，将电信号转变成光信号，再把光信号导入光纤。光接收机的功能负责接收从光纤上传输的光信号，并将它转变成电信号，经解码后再作相应处理。

（2）光纤通信系统的构成

光纤通信系统的基本构成如图 3-12 所示。

图 3-12 光纤通信系统的基本构成

（3）光纤通信的特点

1）优点。

① 传输速率高，目前实际可达到的传输速率为几千兆比特每秒至几十千兆比特每秒。

② 抗电磁干扰能力强，重量轻，体积小，韧性好，安全保密性高等。

③ 线路损耗低，传输衰减小，传输距离远。使用光纤传输时，可以达到在 6~8km 距离内不使用中继器的高速率的数据传输。

① 传输频带宽，通信容量大。

② 抗化学腐蚀能力强。

③ 光纤制造资源丰富。

2）缺点。

① 光纤的切断和接续需要一定的工具、设备和技术。

② 光纤衔接和光纤分支较困难，而且在分支时，信号能量损失很大。

③ 光纤的弯曲半径不能过小（要大于 20cm）。

3.2.4 无线传输介质

前面所讲的三种介质都属于有线传输介质，但有线传输并不是在任何时候都能实现的。例如，通信线路要通过一些高山、岛屿，或公司临时在一个场地做宣传而需要联网时，有线介质就很难施工。当通信距离很远时，铺设电缆既昂贵又费时。而且社会正处于一个信息时代，人们无论何时何地都需要及时的信息，这就不可避免地要用到无线传输。

1. 无线电波

无线电波是指在自由空间（包括空气和真空）传播，频率介于 3Hz 和约 300GHz 之间的射频频段的电磁波。传播方式有直射、反射、折射、穿透、绕射（衍射）和散射等。无线电波随着传播距离的增加而逐渐衰减。

无线电技术是通过无线电波传播信息的技术。它的原理在于，导体中电流强弱的改变会产生无线电波。利用这一现象，通过调制可将信息加载于无线电波之上。当电波通过空间传播到达收信端，电波引起的电磁场变化又会在导体中产生电流。通过解调将信息从电流变化中提取出来，就达到了信息传递的目的。

2. 微波

微波的频率范围为 300MHz~300GHz，但主要是使用 2~40GHz 的频率范围。无线电微波通信在数据通信中占重要地位，主要分为地面系统与卫星系统两种。

地面微波采用定向抛物面天线，地面微波信号一般在低千兆赫频率范围。由于微波连接不需要什么电缆，因此它比起基于电缆方式的连接，较适合跨越荒凉或难以通过的地段。一般，它常用于连接两个分开的建筑物或在建筑群中构成一个完整网络。由于微波在空间是直线传输的，而地球表面是曲面，因此其传输距离受到限制，只有 50km 左右。但若采用 100m 的天线塔，则距离可增大至 100km。为了实现远距离通信，必须在一条无线电通信信道的两个终端之间建立若干中继站。中继站把前一站送来的信号经过放大后再送到下一站，所以也将地面微波通信称为"地面微波接力通信"。

卫星微波利用地面上的定向抛物天线，将视线指向地球同步卫星。通信卫星发出的电磁波覆盖范围广，跨度可达 18000km，覆盖了球表面 1/3 的面积，卫星微波传输跨越陆地或海洋，所需要的时间与费用却很少。地球站之间利用位于 36 000km 高空的人造同步地球卫星作为中继器进行卫星微波通信。

3. 红外系统

红外系统采用 LED、ILD 来进行站与站之间的数据交换。红外设备发出的光，一般只包含电磁波或小范围电磁频谱中的光子。传输信号可以直接或经过墙面、天花板反射后，被接收装置收到。

红外信号没有能力穿透墙壁和一些其他固体，每一次反射都要衰减一半左右，同时红外线也容易被强光源覆盖。红外系统的特性可以支持高速度的数据传输，它一般可分为点对点红外系统与广播式红外系统两类。

（1）点对点红外系统

点对点红外系统如图 3-13 所示。

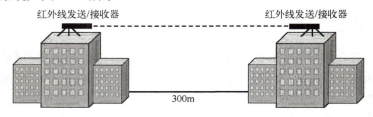

图 3-13　点对点红外应用系统

这是人们最熟悉的，如常用的遥控器。红外传输器使用光频（100GHz～1000THz）的最低部分。除高质量的大功率激光器较贵以外，一般用于数据传输的红外装置都非常便宜。然而，它的安装必须精确到绝对点对点。目前它的传输率一般为几千比特每秒，根据发射光的强度、纯度和大气情况，衰减有较大的变化，一般距离为几米到几千米不等。聚焦传输具有极强的抗干扰性。

（2）广播式红外系统

广播式红外系统是把集中的光束以广播或扩散方式向四周散发。这种方法也常用于遥控装置和其他一些消费设备上。利用这种系统，一个收发设备可以与多个设备同时通信，如图 3-14 所示。

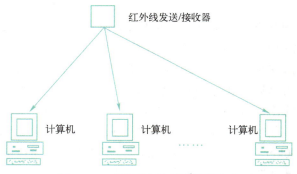

图 3-14　广播式红外系统传输方式

4. 激光

激光通信是利用激光传输信息的通信方式，这种通信方式带宽极高，并且可以长距离高速传输大量数据。激光通信系统组成设备包括发送和接收两个部分。发送部分主要有激光器、光调制器和光学发射天线。接收部分主要包括光学接收天线、光学滤波器、光探测器。要传送的信息送到与激光器相连的光调制器中，光调制器将信息调制在激光上，通过光学发射天线发送出去。在接收端，光学接收天线将激光信号接收下来，送至光探测器，光探测器将激光信号变为电信号，经放大、解调后变为原来的信息。

3.3 任务实施——工程线缆选择

通过相关知识的讲解，我们对通信介质有了比较深入的了解，对如何选择这些通信介质和各种组件也有了进一步的认识，从而可以进行任务实施。在一个综合布线系统中，各种相关介质的选用是一个非常关键的问题，在信息学院网络综合布线项目中，需要为整个校园网的各个部分选用适当的通信介质。

3.3.1 选用光纤

1. 依据位置分布选择线缆

从地理位置看，本项目中的工程楼分布情况如图 3-15 所示。

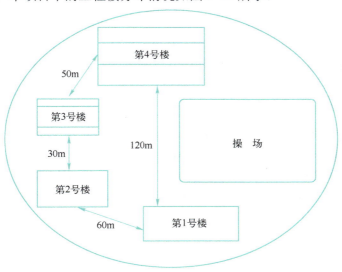

图 3-15　信息学院 1~4 号楼分布图

根据实际测量，第 1、2 号楼之间的连接距离为 60m，第 2、3 号楼之间的连接距离为 30m，第 3、4 号楼之间的连接距离为 50m，第 1、4 号楼之间的连接距离为 120m。可以看出，整个校园建筑物分布相对集中，相互之间的最大距离仅为 120m。这种情况为本项目的介质选用提供了较为广泛的选择空间。同时根据用户需求，本项目主要用于校园网的实现以及满足学院日常办公、对外交流、教学过程和教务管理需要；支持 100Mbit/s 速率的数据传输；能够接入 Internet；网络具有较强的稳定性和安全性；网络能够具有可扩充和升级功能。考虑到具体应用，整个校园网以第 2 号楼（信息中心楼）作为数据交换中心，在日常应用中，有可能涉及普通小文档的传输、流媒体数据传输以及相关 Internet 的应用。其中流媒体信息传输的数据量较大，且以信息中心楼作为整个信息传输的汇聚点，在介质以及设备选用方面，应为信息中心楼选择传输能力较强的介质和设备，以保证在将来的网络运行中不会造成网络瓶颈问题。根据以上两方面的考虑，决定在校园内的各建筑物之间选用光纤作为主干网的连接介质。由于第 1、2、3 号楼之间的距离相对较近，而第 1、4 号楼之间相对较远，因此从传输距离角度来考虑，为第 1、2、3 号楼之间的布线选用多模光纤，而第 1、4 号楼之间则选择单模光纤。

2. 选择光纤线缆

信息学院的信息中心楼为本次工程的建设重点，它共有 5 层，经测量，各楼层高为 4m，最大数据传输垂直距离为 20m。包括图书馆、网络实训中心、动漫制作中心、网管中心以及 12 个常用机房，此外，每层楼配有一个设备间。根据用户需求，本楼内的网络主要用于各楼层之间、各部门之间的信息传送、交流与沟通；能够接入 Internet；网络具有较强的稳定性和安全性。具体来讲，各层楼的管理作为本层信息传送的中心，数据流量较大；网管中心将全楼的信息进行汇合，负责整个楼的网络调试、运行及维护，数据流量更为可观。针对以上这些情况，为使全楼的网络得到良好的运行，决定采用光纤连接整个信息中心楼楼层之间的垂直子系统，并接入 Internet。

3. 选择多模光纤布线

对于信息中心楼每个楼层来说，都配有设备间 1 间、办公室 1 间和不同用途的实训室、机房，各层楼房间分布情况类似。现以 3 楼为例进行介质选择方案的分析。这一层可以看作一个水平子系统，设备间、办公室和机房之间的最大水平距离不超过 60m。从用户需求上看，主要用于日常教学、楼层内部网络的日常管理、运行与维护；网络具有较强的稳定性和安全性；网络能够具有可扩充和升级功能。其余各层的布线环境大致相同。从以上情况可以看出，在每层楼的设备间、办公室和机房之间数据传输量适中，但对网速要求较高，适合选择多模光纤进行布线。

3.3.2 选用双绞线

信息中心楼每层均设有机房，配有 50 台左右的计算机，机房之间的最大距离不超过 20m。从用户需求上看，机房主要用于日常教学、课程设计以及综合实训，要求网络能够支持网络广播教学，有较快的上网速度，有较强的稳定性和安全性。依据以上情况，机房主要作为教学设施，对于网络的需求不是很高，数据传输量也相对较小，布线的范围不大，这种环境选择 6 类非屏蔽双绞线进行布线即可。

3.4 任务 2 选择布线组件

3.4.1 任务引入

网络布线组件是在网络综合布线过程中必不可少的硬件部分，常用的布线组件包括配线架、模块、面板、机柜和管槽。虽然它们的分工各有不同,但都起到了承上启下的作用。熟悉了各种布线组件以后,便可以顺利地选用合适的组件配合传输介质以及相关设施完成系统的综合布线。

本任务就是为信息中心楼的网络布线系统选择适当的布线组件。具体任务如下。

1)为信息中心楼 5 楼的管理选择合适的机柜、配线架、管槽。
2)为信息中心楼各层楼的设备间选择合适的机柜、配线架、管槽及模块。
3)为信息中心楼各层楼内的房间选择合适的机柜、配线架、管槽及模块。

3.4.2 任务分析

在上一个任务中,已经完成了为信息中心楼的网络布线系统选择通信介质,接下来就要为该楼的布线选择合适的布线组件,这也是十分关键的步骤。

在本任务中,每层楼上的房间(水平子系统)布线后集中到该层的设备间内,而楼层之间作为一个垂直子系统,所有的设备间则通过该系统将线缆全部汇聚到网管中心,它是整个信息中心楼的信息交通枢纽。

在完成本任务的过程中,应分别为垂直子系统、水平子系统和管理子系统选择合适的布线组件,包括机柜、配线架、管槽以及相应的模块、面板和底盒等。

3.5 知识链接——布线组件

3.5.1 配线架

配线架是管理子系统中最重要的组件,是实现垂直子系统和水平子系统交叉连接的枢纽。配线架通常安装在机柜或墙上。

1. 配线架的作用

配线架用于终结线缆,为双绞线或光缆与其他设备(如交换机等)的连接提供接口,使综合布线系统变得更加易于管理,如图 3-16 所示。配线架的作用是为了使线缆更改更加方便,它们的连接顺序是交换机—配线架—服务器。如果没有配线架,连接顺序为交换机—服务器。有了配线架,更换线缆的地点就在配线架上,而不用插拔交换机端口了。

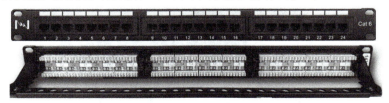

图 3-16 配线架

2. 配线架的分类

(1)按照配线架所接线缆的类型分类

在网络工程中常用的有双绞线配线架和光纤配线架,此外还有总配线架、数字配线架。

1）双绞线配线架。双绞线配线架的作用是在管理子系统中将双绞线进行交叉连接，用在主配线间和各分配线间，为双绞线与其他设备的连接提供接口。双绞线配线架的型号很多，每个厂家都有自己的产品系列，并且对应 3 类、5 类、超 5 类、6 类和 7 类双绞线分别有不同的规格和型号，在具体项目中，应根据实际情况进行配置。图 3-17 所示为双绞线配线架。

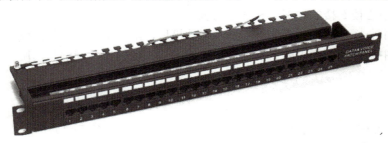

图 3-17　双绞线配线架

2）光纤配线架（Optical Distribution Frame，ODF）。光纤配线架是光传输系统中的一个重要的配套设备，它是光缆与光通信设备间的配线连接部件，在管理子系统中主要用于光缆终端的光纤熔接、光连接器的安装、光路的调配、多余尾纤的存储及光缆的保护等，通常用在主配线间和各分配线间。它对光纤通信网络的安全运行和灵活使用有着重要的作用。

① 光纤配线架的功能。固定功能、熔接功能、调配功能和存储功能。

② 光纤配线架的结构。依据光纤配线架结构的不同，可分为直插式（SC 型）光纤配线架（如图 3-18 所示）、卡扣式（ST 型）光纤配线架（如图 3-19 所示）、壁挂式光纤配线架（如图 3-20 所示）、机架式光纤配线架（如图 3-21 所示）等类型。

图 3-18　直插式（SC 型）光纤配线架

图 3-19　卡扣式（ST 型）光纤配线架

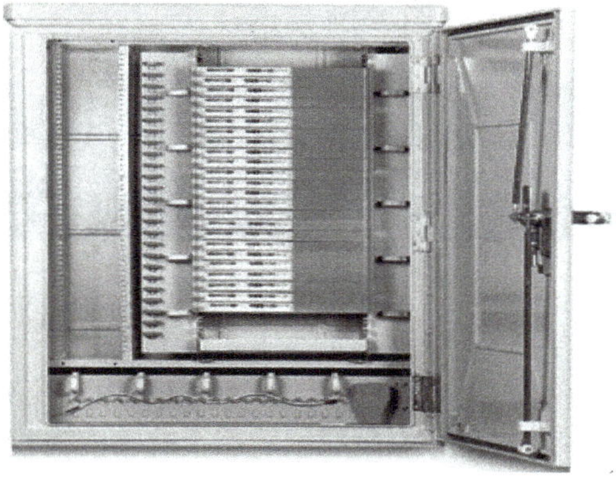

图 3-20　壁挂式光纤配线架

图 3-21　机架式光纤配线架

3）总配线架（Main Distribution Frame，MDF）。总配线架是水平子系统、垂直子系统、设备间子系统的连接设备，如图 3-22 所示。

4）数字配线架（Digital Distribution Frame，DDF）。数字配线架又称高频配线架，如图 3-23 所示，在数字通信中越来越有优越性，它能使数字通信设备的数字码流的连接成为一个整体，传输速率为 2～155Mbit/s 信号的输入/输出线都可连接在 DDF 上，这为配线、调线、转接、扩容都带来很大的灵活性和方便性。

图 3-22　总配线架

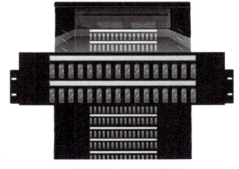

图 3-23　数字配线架

（2）按照配线架的端口数进行分类

按照配线架的端口数进行分类，可将配线架分为 24 口配线架、48 口配线架等。

24 口配线架满足 T568A 和 T568B 线序，适合设备间的水平布线或设备端接。较大的正面标识空间方便端口识别，便于管理，如图 3-24 所示。

图 3-24　24 口配线架

（3）按照常见的电缆配线架系列进行分类

按照常见的电缆配线架系列进行分类，分为 RJ-45 模块化配线架、110 配线架。

1）RJ-45 模块化配线架。其又称数据配线架，用于端接电缆和通过跳线连接交换机等网络设备，如图 3-25 所示。

图 3-25　RJ-45 模块化配线架

2）110 配线架。其又称语音配线架，须和 110 连接块配合使用，用于端接配线电缆或干线电缆，并通过跳线连接水平子系统和垂直子系统，如图 3-26 所示。

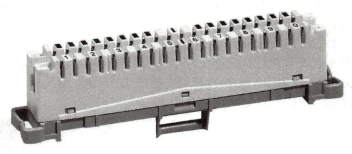

图 3-26　110 配线架

3.5.2　面板、模块与底盒

面板、模块加上底盒形成一套整体，统称为信息插座，但有时信息插座只代表面板。

1. 面板

面板的内部构造、规格尺寸及安装的方法等有较大的差异。信息插座面板用于在信息出口位置安装固定信息模块，常见的有单口面板和双口面板，也有三口面板和四口面板。信息插座面板一般为平面插口，如图 3-27 和图 3-28 所示。

面板有固定式面板和模块化面板，如图 3-29 和图 3-30 所示。固定式面板的信息模块与面板合为一体,无法去掉某个信息模块插孔,或更换为其他类型的信息模块插孔。

图3-27 单口面板

图3-28 双口面板

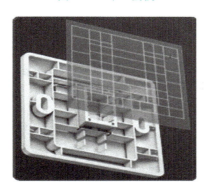

图3-29 固定式面板

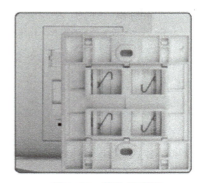

图3-30 模块化面板

固定式面板的优点是价格较低、便于安装,缺点是结构不能改变,在局域网布线中应用较少。模块化面板预留了多个插孔位置的通用墙面板,面板与信息模块插座可分开购买。

信息插座面板有 3 种安装方式:一是安装于地面,要求安装于地面的金属底盒应当是密封、防水、防尘的并带有升降的功能。此方法对于设计安装造价较高,并且由于事先无法预知办公位置,也不知分隔板的确切位置,因此灵活性不是很好。二是安装于分隔板上,此方法适用于分隔板位置确定以后,其安装造价较低。三是安装在墙上。

在地板上进行模块化面板安装时,需要选用专门的地面插座,铜质地板插座有旋盖式、翻扣式和弹起式 3 种。弹起式地面插座应用最广,它采用铜合金或铝合金材料制作而成,安装于厅、室内任意位置的地板平面上。使用时,面盖与地面相平。地面插座的防渗结构,在插座体合上时可保证水滴等不易渗入。

当然,面板的作用不仅是保护内部模块,使插接线头与模块接触良好等,还有一个重要的作用就是作为方便用户使用和管理的标注。因而,在工程中一个重要的工序就是正确地标识每个信息插座面板的功能,使之清晰、美观、易于辨认。

2. 模块

模块是信息插座的核心,同时也是最终用户的接入点,因而模块的质量和安装工艺直接决定了用户访问网络的效率。

(1)RJ 模块

RJ 是 Registered Jack 的缩写,意思是"注册的插座"。

在[美国]联邦通信委员会(FCC)标准和规章中的定义为:RJ 是描述公用电信网络的接

口，常用的有 RJ-11 和 RJ-45，计算机网络的 RJ-45 是标准 8 位模块化接口的俗称。在以往的 4 类、5 类、超 5 类和 6 类布线中，采用的都是 RJ 型接口。在 7 类布线系统中，将允许"非-RJ 型"的接口，如美国西蒙公司开发的 TERA 7 类连接件被正式选为"非-RJ 型" 7 类标准工业接口的标准模式。TERA 连接件的传输带宽高达 1.2GHz，超过了 600MHz 7 类标准传输带宽。

网络通信领域常见的有 4 种基本 RJ 模块插座，每一种插座可以连接不同构造的 RJ 模块。例如，一个 6 芯插座可以连接 RJ-11（1 对）、RJ-14（2 对）或 RJ-25C（3 对）；一个 8 芯插座可以连接 RJ-61C（4 对）和 RJ-48C。

（2）RJ-45 模块

RJ-45 模块是布线系统中的一种连接器，连接器由插头和插座组成。连接器连接于导线之间，以实现导线的电气连续性。RJ-45 模块就是连接器中最常用的一种插座。图 3-31 所示为该模块的正视图、侧视图和立体图。

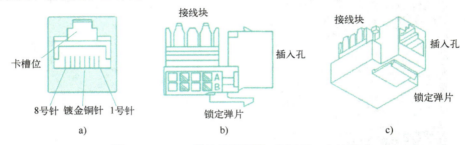

图 3-31　RJ-45 模块的正视图、侧视图、立体图
a) 正视图　b) 侧视图　c) 立体图

RJ-45 模块的核心是模块化插孔。镀金的导线或插孔可维持与模块化插头弹片间稳定而可靠的电连接。由于弹片与插孔间的摩擦作用，电接触随插头的插入而得到进一步加强。插孔主体设计采用了整体锁定机制，这样当模块化插头（如 RJ-45 插头）插入时，插头和插孔的界面处可产生最大的拉拔强度。RJ-45 模块上的接线块通过线槽来连接双绞线，锁定弹片可以在面板等信息出口装置上固定 RJ-45 模块。

（3）其他模块

常见的非屏蔽模块高 2cm、宽 2cm、厚 3cm，塑体抗高压、阻燃，可卡接到任何 M 系列模式化面板、支架或表面安装盒中，并可在标准面板上以 90°或 45°安装，特殊的工艺设计提供至少 750 次插拔次数，模块使用了 T568A 和 T568B 布线通用标签，它还带有一个白色的扁平线插入盖。这类模块通常需要打线工具——带有 110 型刀片的 914 工具打接线缆。这种非屏蔽模块也是国内综合布线系统中应用得最多的一种模块，无论是 3 类、5 类还是超 5 类、6 类，它的外形都保持一致性。

为方便插拔安装操作，用户也开始喜欢使用 45°角安装，为达到这一目标，可以用目前的标准模块加上 45°角的面板完成，也可以将模块安装端直接设计成 45°角，如图 3-32 所示。

免打线工具设计也是模块人性化设计的一个体现，这种模块端接时无需专用刀具。图 3-33a 所示为具有免打线工具设计的 Siemon MX-c5 模块，图 3-33b 所示为免打线工具 Nexans LANmark-6 Snap-in 模块。

图 3-32　45°角的模块安装端

图 3-33 免打线工具模块

a) Siemon MX-c5 模块　b) Nexans LANmark-6 Snap-in 模块

ACO 通信插座系统是安普（AMP）公司推出的一种通信插座系统，如图 3-34 所示，它采用较独特的设计，也以类似 RJ-45 标准模块大小的空间进行端接，这种插座系统由不同的通信接口和插座组成，不仅支持语音、数据应用模块，还支持同轴接口、音频/视频接口。

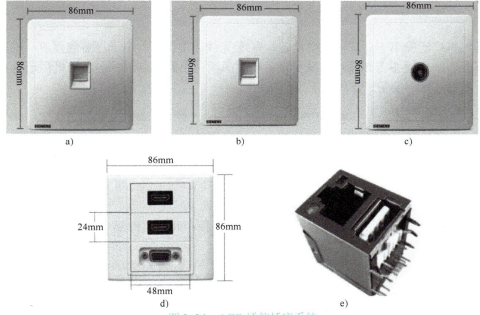

图 3-34　ACO 通信插座系统

a) 超 5 类数据接口　b) 电话接口　c) 同轴接口　d) 视频接口　e) 通信接口底座

在一些新型的设计中，结合了多媒体的模块接口看起来甚至与标准的数据/语音模块接口没有太大的区别，这种趋于统一模块化的设计方向带来的好处是各模块使用同样大小的空间及安装配件。目前无论在国际上还是在国内，一个应用发展的趋势是 VDV（Voice-Data-Video，语音-数据-视频）综合应用的集成。而新型设计的模块已经从用户使用方便性角度做出了很大努力。

3. 底盒

将信息插座安装在墙上时，面板安装在接线底盒上，接线底盒有明装和暗装两种，明装盒只能用 PVC 线槽明铺在墙壁上，这种方式安装灵活但不美观。暗装盒预埋在墙体内，布线时走预埋的线管。

底盒一般有塑料材质的和金属材质的，一个底盒安装一个面板，且底盒大小必须与面板制式相匹配。接线底盒内有固定面板用的螺孔，随面板配有将面板固定在接线底盒上的螺钉，如图 3-35 所示。底盒内底部都预留了穿线孔，方便安装时使用。

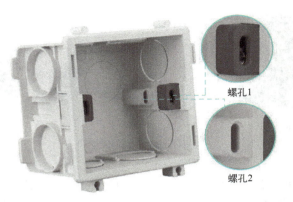

图 3-35 底盒

3.5.3 机柜

标准机柜广泛应用于计算机网络设备、有线/无线通信器材、电子设备的叠放,机柜具有增强电磁屏蔽、削弱设备工作噪声、减少设备地面面积占用的优点。一些高档机柜还具备空气过滤功能,以提高精密设备工作环境质量。

1. 机柜的定义

机柜一般是由冷轧钢板或合金制作的,是用来存放计算机和相关控制设备的物件,可以提供对存放设备的保护,屏蔽电磁干扰,有序、整齐地排列设备,方便以后维护设备。

2. 机柜的分类

(1) 根据外形区分

根据外形区分,机柜可分为立式机柜、挂墙式机柜和开放式机架,如图 3-36、图 3-37 和图 3-38 所示。

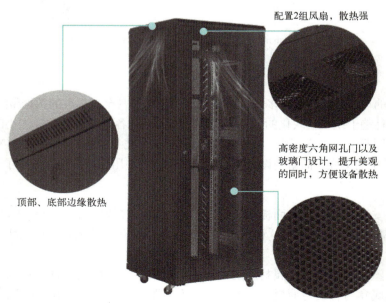

图 3-36 立式机柜

图 3-37　挂墙式机柜　　　　　　　　　　图 3-38　开放式机架

立式机柜主要用于综合布线系统的设备间，挂墙式机柜主要用于没有独立房间的楼层配线间。与机柜相比，开放式机架具有价格便宜、操作方便、搬动简单等优点，一般为敞开式结构。机架主要适合一些要求不高和经常对设备进行操作管理的场所，用它来叠放设备，减少占地面积。

（2）根据应用对象区分

根据应用对象区分，机柜可分为服务器机柜、网络机柜、控制台机柜，如图 3-39、图 3-40 和图 3-41 所示。

图 3-39　服务器机柜　　　　　图 3-40　网络机柜　　　　　图 3-41　控制台机柜

网络机柜就是 19in 的标准机柜，它的宽度为 600mm，深度为 600mm。服务器机柜由于要安装服务器、显示器、UPS 等 19"标准设备及非 19"标准设备，机柜在高度、宽度、深度、承重等方面均有要求，高度有 2.0m、1.8m 和 1.6m 三种，宽度为 800mm、700mm 和 600mm 三种，深度有 700mm、800mm 和 900mm 三种。它的前门和后门一般都有透气孔，排热风扇也较多。

（3）根据组装方式区分

根据组装方式区分，可分为一体化焊接型和组装型两种。

组装型机柜是目前的主流结构，购买来的机柜都是散件包装，安装简便。一体化焊接型机柜的价格相对便宜，产品材料和焊接工艺是这类机柜的关键，要注意产品的质量。机柜常见的配件有以下几种。

1）固定托盘。固定托盘尺寸繁多，用途广泛，用于安装各种设备，有 19"标准托盘、非标准固定托盘等。常规配置的固定托盘深度有 440mm、480mm、580mm、620mm 等规格。固定托盘的承重不小于 50kg。

2）滑动托盘。用于安装键盘及其他各种设备，可以方便地拉出和推回；19"标准滑动托盘适用于任何 19"标准机柜。常规配置的滑动托盘深度有 400mm、480mm 两种规格。滑动托盘的承重不小于 20kg。

3）配电单元。选配电源插座，适合任何标准的电源插头，配合 19"安装架，安装方式灵活多样。规格为 6 接口。参数为 220V，10Amp（电流的大小为 10A，同时 amp 也是一种新型通信插座系统）。

4）理线架。标准理线架可配合任何一种 TOPER 系列机柜使用。12 孔理线架配合 12 口、24 口、48 口配线架使用效果最佳。

5）理线环。专用于 TOPER 1800 系列和 TOPER Server 系列机柜使用的理线装置，安装和拆卸非常方便，使用的数量和位置可以任意调整。

6）L 支架。L 支架可以配合机柜使用，用于安装机柜中的 19"标准设备，特别是重量较大的 19"标准设备，如机架式服务器等。

7）盲板。盲板用于遮挡机柜内的空余位置，常规盲板有 1U、2U 两种（1U=44.45mm）。

8）扩展横梁。专用于 TOPER 1800 系列和 TOPER Server 系列机柜使用的装置，用于扩展机柜内的安装空间，安装和拆卸非常方便。同时也可以配合理线架、配电单元的安装，形式灵活多样。

9）安装螺母（方螺母）。适用于任意一款 TOPER 系列机柜，用于机柜内所有设备的安装，包括机柜的大部分配件的安装。

10）键盘托架。用于安装标准计算机键盘，可配合市面上所有规格的计算机键盘；可翻折 90°。键盘托架必须配合滑动托盘使用。

11）调速风机单元。安装于机柜的顶部，可根据环境温度和设备温度调节风扇的转速，有效地降低了机房的噪声。调速方式为手动，无级调速。

12）机架式风机单元。高度为 1U，可安装在 19"标准机柜内的任意高度位置上，可根据机柜内热源酌情配置。

13）全网孔机柜前（后）门。机柜前（后）门全部为直径 3mm 的圆孔，提高了机柜的散热性能和屏蔽性能。机柜高度分别为 2.0m、1.8m、1.6m。

14）散热边框钢化玻璃前门。前门两边全部为散热长孔，提高了机柜的散热性能，且美观实用。机柜高度分别为 2.0m、1.8m、1.6m。

3.5.4 管槽

综合布线系统中除了线缆外，管槽也是一个重要的组成部分，可以说，金属槽、PVC 槽、金属管、PVC 管是综合布线系统的基础性材料。在综合布线系统中主要使用以下几种管槽。

1. 金属管和塑料管

金属管是用于分支结构或暗埋的线路，它的规格也有多种，外径以 mm 为单位。

在金属管内穿线比线槽布线难度更大一些，在选择金属管时要注意选择管径大一点的，一般管内填充物占 30%左右，以便于穿线。

塑料管产品分为两大类，即 PE 阻燃导管和 PVC 阻燃导管。

① PE 阻燃导管是一种塑制半硬导管，具有强度高、耐腐蚀、挠性好、内壁光滑等优点，明、暗装穿线兼用。

② PVC 阻燃导管是以聚氯乙烯树脂为主要原料，加入适量的助剂，经加工设备挤压成型的刚性导管，小管径 PVC 阻燃导管可在常温下进行弯曲。

2. 金属槽和塑料槽

金属槽由槽底和槽盖组成，每根金属槽一般长度为 2m，如图 3-42 所示。槽与槽连接时使用相应尺寸的铁板和螺钉固定。

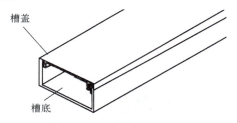

图 3-42　金属槽结构示意图

在综合布线中经常使用的线槽规格有：50mm×100mm（宽×高）、100mm×100mm、100mm×200mm、100mm×300mm、200mm×400mm。此外，PVC 塑料线槽在安装时有相应配套的附件，例如 PVC-40Q 和 PVC-25 见表 3-7 和表 3-8。

表 3-7　PVC-40Q 塑料线槽明敷设安装配套附件

产品名称	图例	出厂价（元）	产品名称	图例	出厂价（元）
阳角		0.50	阴角		0.50
平三通		0.65	直转角		0.65
连接头		0.36	终端头		0.36

表 3-8　PVC-25 塑料线槽明敷设安装配套附件

产品名称	图例	出厂价（元）	产品名称	图例	出厂价（元）
阳角		0.35	阴角		0.35
平三通		0.55	顶三通		0.55
左三通		0.55	右三通		0.55
直转角		0.46	四通		0.45
接线盒插口		0.20	灯头盒插口		0.20
连接头		0.20	终端头		0.20

3.5.5 桥架

桥架是一个支撑和放电缆的支架,对电缆起支撑、保护作用,在工程上用得很普遍,只要敷设电缆,就要用桥架。

1. 桥架的作用

(1)承托电缆、光纤

在布线工程项目中,电缆、光纤重量较大,多而杂乱,如果不使用桥架,电缆下垂明显,不仅布线看起来不整洁清爽,而且对电缆也不能进行很好的保护。桥架能够有很好的承托作用,如图3-43所示。

图3-43 桥架承托电缆、光纤

(2)保护电缆

桥架可以很好地保护电缆、光纤在特殊环境中的使用,比如在高数据并发的通信机房,要求电缆互不干扰,铝合金槽式桥架就可以很好地屏蔽电磁干扰。

在楼道、消防通道、地下停车场使用防火桥架,可以很好地起到阻燃的作用。在化工厂、能源厂、石油工厂等高腐蚀环境中,玻璃钢桥架、铝合金桥架可以起到良好的防腐蚀作用。

(3)管理电缆

综合布线不是一次性作业,在数据、计算机、通信等行业,随着业务量的增大,电缆需要升级,使用桥架产品可以快速、方便地进行电缆升级维护。

2. 桥架的结构

桥架产品按照结构分类别众多,主要有槽式桥架、托盘式桥架、梯式桥架等。

(1)槽式桥架

槽式桥架是一种全封闭型电缆桥架,它最适用于敷设计算机电缆、通信电缆,它对控制电缆屏蔽干扰和重腐蚀环境中电缆的防护都有较好效果。图3-44和图3-45分别为槽式桥架空间布置及连接件示意图。

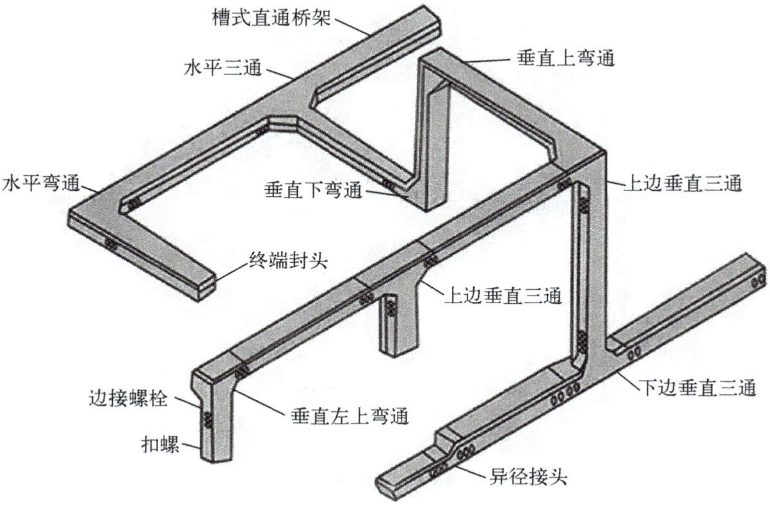

图 3-44 槽式桥架空间布置示意图

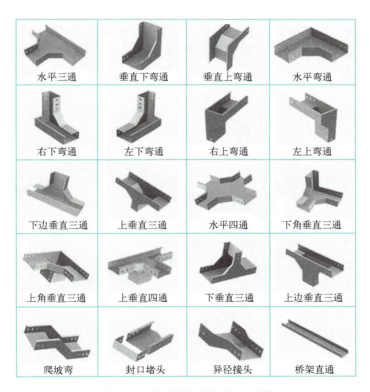

图 3-45 槽式桥架连接件示意图

（2）托盘式桥架

托盘式桥架是布线工程中应用比较广泛的一种。它具有重量轻、载荷大、造型美观、结构简单、安装方便等优点。它既适用于动力电缆的安装，也适用于控制电缆的敷设。图 3-46 所示为托盘式桥架空间布置示意图。

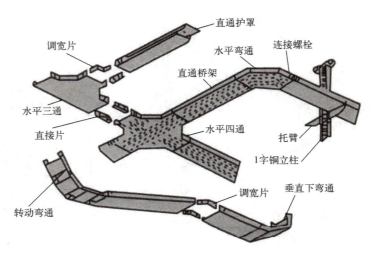

图 3-46 托盘式桥架空间布置示意图

（3）梯式桥架

梯式桥架外形独特，像梯子形状，它的承载能力比槽式桥架和托盘式桥架都要强，因为它中间焊接横杆加固，电缆敷设在主干线上，它重量轻，散热透气性能好，方便施工人员更好地安装，其安全性非常高，当线路出现损坏导致故障，维护人员也能清楚地找出问题线路，采用相应的安全措施，常用于敷设直径较大的电缆。图 3-47 所示为梯式桥架空间布置示意图。

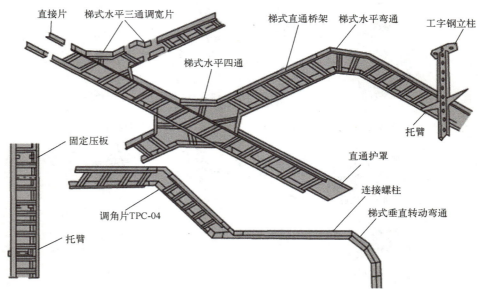

图 3-47 梯式桥架空间布置示意图

3. 桥架的选择

（1）经济合理性、技术可行性、运行安全性

在工程设计中，桥架的布置应根据经济合理性、技术可行性、运行安全性等因素综合比较，还要充分满足施工安装、维护检修及电缆敷设的要求，以确定最佳方案。

（2）环境和耐久性

当桥架及其支/吊架使用在有腐蚀性环境中时，应采用耐腐蚀的刚性材料制造。或采取防腐蚀处理，防腐蚀处理方式应满足工程环境和耐久性的要求。对耐腐蚀性能要求较高或要求洁净的场所，宜选用铝合金电缆桥架。

（3）有耐火或难燃性

桥架在有防火要求的区段内，可在电缆梯架、托盘内添加具有耐火或难燃性能的板，并采取在桥架及其支/吊架表面涂刷防火涂层等措施，保证其整体耐火性能应满足国家有关规范或标准的要求。

3.6 任务实施——工程布线组件选择

由于布线的实施是以楼层为单位的，每一层的布线方案是大致相同的，因此以信息中心楼3楼为例，对选择布线组件的方案进行具体说明。

3.6.1 选用机柜

1）由于信息中心楼每层的信息汇聚点为该层的设备间，在整个楼的垂直子系统上，以网管中心作为信息枢纽，因此在网管中心和每层的设备间内应配有性能较高的 1.6m 标准网络机柜。

2）在每个机房内可以选用标准的 0.5m 立式网络机柜。

3.6.2 选用配线架

1）由于信息中心楼楼层间垂直子系统中采用了光纤作为主干线，在层间的水平子系统中也采用了光纤进行布线连接，因此在垂直子系统和水平子系统交叉连接的网管中心和各层设备间内，应配有多口型光纤配线架，安装于网络机柜中。

2）在每个机房内可以选用光纤配线架和 48 口双绞线配线架，安装于标准机柜中，以满足水平子系统和机房内 40 台计算机的需求。

3.6.3 选用管槽

在设备间、办公室和机房之间利用 PVC 塑料管槽进行布线，并且安装相应的配套附件，如在房间的拐角处走线时可以选用平三通、左/右三通、阴角、阳角、直转角等连接件。

3.6.4 选用模块、接口和面板

在设备间、办公室和机房内适当的位置安装数据接口、RJ 模块接口和信息插座面板。

以上为信息中心楼 3 楼的布线组件选用方案，其他各楼层的布线方案与其基本相似，均可以上述方案为参考。

3.7 素养培育

华罗庚在数学方面的建树让世人钦佩，除去在数学上的贡献，他还是一名爱国志士，虽走访很多国家，并在外国居住和研究，可到了关键时候，华罗庚还是选择携妻带子回国报效。

小时候，华罗庚家境贫寒，初中未毕业便辍学在家。十九岁那年母亲因病逝世，他自己也染上了伤寒病。但即使是在病重的时候，他也还是顽强坚持，到了第二年，他终于又站起来了。但可惜他左腿胯关节骨膜粘连，变成僵硬的直角。从此，他必须扶着拐杖走路了。华罗庚因病左腿残疾后，走路要左腿先画一个大圆圈，右腿再迈上一小步。对于这种奇特而费力的步履，他曾幽默地戏称为"圆与切线的运动"。在逆境中，他顽强地与命运抗争，誓言是："我要用健全的头脑，代替不健全的双腿！"凭着这种精神，他终于从一个只有初中毕业文凭的青年成长为一代数学大师。华罗庚一生硕果累累，是中国解析数论、典型群、矩阵几何学、自导函数论等方面的研究者和创始人，其著作《堆垒素数论》更成为20世纪数学论著的经典。

启示：成功源于坚持，持之以恒地挑战挫折，让压力成为冲向终点的动力。只要坚持，总有一天会成功。

3.8 习题与思考

3.8.1 填空题

1. 在双绞线电缆内，把两根绝缘的铜导线按一定密度互相绞在一起，这样可以_____串扰。
2. 双绞线电缆的每一条线都有色标，以易于区分和连接。一条4对电缆有4种本色，即_____、_____、_____和_____。
3. 按照绝缘层外部是否有金属屏蔽层，双绞线电缆可以分为_____和_____两大类。目前在综合布线系统中，除了某些特殊的场合，通常都采用_____。
4. 同轴电缆分成4层，分别由_____、_____、_____和_____组成。
5. 细缆的最大传输距离为_____m，粗缆的最大传输距离为_____m。
6. 光纤由三部分组成，即_____、_____和_____。
7. 按传输模式分类，光缆可以分为_____和_____两类。
8. 单模光缆一般采用_____为光源，光信号可以沿着光纤的轴向传播，因此光信号的耗损很小，离散也很小，传播距离较远。多模光缆一般采用_____为光源。
9. RJ-45模块的核心是_____，其主体设计采用了_____模式，这样设计的好处是_____。
10. 光纤配线架具有_____、_____、_____和_____等功能。

3.8.2 选择题

答案可能不止一个。

1. 非屏蔽双绞线用色标来区分不同的线对，计算机网络布线系统中常用的 4 对双绞线有 4 种本色，它们是_____。

  A．蓝色、橙色、绿色和紫色　　　　B．蓝色、红色、绿色和棕色
  C．蓝色、橙色、绿色和棕色　　　　D．白色、橙色、绿色和棕色

2. 光纤是数据传输中最有效的一种传输介质，它有_____的优点。

  A．频带较宽　　　　　　　　　　　B．电磁绝缘性能好
  C．衰减较小　　　　　　　　　　　D．无中继段长

3. 目前在网络布线方面，主要有两种双绞线布线系统在应用，即_____。

  A．4 类布线系统　　　　　　　　　B．5 类布线系统
  C．超 5 类布线系统　　　　　　　　D．6 类布线系统

4. 频率与近端串扰值和衰减的关系是_____。

  A．频率越小，近端串扰值越大，衰减也越大
  B．频率越小，近端串扰值越大，衰减也越小
  C．频率越小，近端串扰值越小，衰减也越小
  D．频率越小，近端串扰值越小，衰减也越大

5. _____光纤连接器在网络工程中最为常用，其中心是一个陶瓷套管，外壳呈圆形，紧固方式为卡扣式。

  A．ST 型　　　　B．SC 型　　　　C．FC 型　　　　D．LC 型

3.8.3 思考题

1. 试比较双绞线电缆和光缆的优缺点。
2. 连接件的作用是什么？它有哪些类型？
3. 双绞线电缆有哪几类，各有什么优缺点？
4. 光缆主要有哪些类型？应如何选用？
5. 综合布线中机柜的作用是什么？
6. 线缆如何与布线组件进行连接？

模块 4　综合布线工程施工

学习目标

【知识目标】

- 熟悉综合布线的各种施工工具。
- 明确施工工具使用的基本要求。
- 掌握施工工具的使用技巧。
- 掌握主要线缆施工要领及技巧。

【能力目标】

- 能够完成综合布线施工准备阶段的操作。
- 能够完成综合布线实际施工所涉及工具的使用、操作。
- 能够完成双绞线的制作、信息模块的连接、双绞线的走线。
- 能够完成光纤的连接制作及走线敷设。

【竞赛目标】

对标赛项安装过程要求，能够熟练完成各种复杂布线任务。

【素养目标】

一分耕耘、一分收获。只要肯努力，坚持不懈，就能迈向成功。

4.1　任务 1　综合布线施工准备

4.1.1　任务引入

施工准备阶段是完成网络布线系统工程的重要环节，施工是将设计构想变为现实的过程。施工准备是完成工程施工的基础，这一阶段工作质量的好坏直接决定整个施工的质量及进度，因此如何将施工准备工作做细、做好是本任务的关键所在。

以信息学院信息中心楼（第 2 号楼）布线工程为例，施工前的准备工作任务是：
1）建立和谐施工环境。
2）熟悉施工图样。
3）编制、修订施工方案。

4.1.2 任务分析

信息学院信息中心楼（第 2 号楼）布线工程施工仅涉及一幢楼，施工前的准备工作相对简单，其主要工作是根据施工图样和设计方案，结合具体情况将布线的理论和相关的规定相结合，做到"因地制宜"，做好各项施工前准备工作。

首先，根据工程需要，建立和谐的内外部施工环境，确定好施工项目管理队伍；其次，根据工程设计方案，熟悉施工图样，了解施工内容，确定布线路线；最后，编制施工方案，检查设备间、配线间，检查管路系统，并准备好施工工具。

4.2 知识链接——施工准备

任何一项工程，无论工作量大小，其施工前的准备工作基本是相同的，都必须做好下面一些工作。

4.2.1 建立施工环境

和谐的内外部施工环境，特别是和谐的内外部人员关系，是保证工程又好又快完成的基础，因此在工程展开前理顺施工过程中所涉及的内外部人员关系对于整个工程的完成有着至关重要的意义。为了做到这一点，在施工前需要注意下面 5 点。

1．明确施工队伍

确定以项目管理为单位的施工队伍，任何一项工程的完成都是以施工队伍的工作为核心，好的队伍必然做出好的工程。

2．制定管理规定

根据具体工程的实际情况，制定相关的管理规定，以此来充分调动施工人员的工作积极性。

3．建立合作关系

在不违反相关法律法规的前提下，尽可能多地与施工相关的外部人员进行交流，交换意见，尽快建立起一种和谐的合作关系，以利于施工的展开。

4．建立组织，协调管理

根据工程合同的要求，建立合理的施工组织机构，充分利用内外部各种资源，协调组织施工管理。

5．科学统筹，提高功效

发挥统筹学在工程指挥中的优势，合理安排施工，尽可能提高工效。

4.2.2 熟悉施工图样

施工图样是工程设计结果，是工程施工的灵魂，熟悉施工图样是每个施工单位在施工前的必修课。施工单位应通过详细阅读施工图样，了解设计内容，把握设计意图，明确工程所采用的设备及材料，明确图样所提出的施工要求，熟悉尽可能多的与工程有关的技术资料。特别需要强调的是，由于施工过程可能会受到很多不确定因素的影响，在施工过程中，难免会出现根据实际情况对工程设计文件和施工图样进行调整的情况，施工方的调整意见的提出必须是在明确把握设计意图的基础之上，只有这样才能尽可能避免在某些工程实践中出现因调整意见不统一导致影响工程进度的情况。

4.2.3 施工现场准备

综合布线施工前的施工现场勘察等准备工作是顺利完成布线工程的重要一环。勘察、准备工作的细致程度直接影响着整个工程施工的进度及工程质量，因此对于工程现场准备这项工作必须给予足够的重视。工程现场准备主要包括以下几部分。

1. 土建工程条件检查

正式进驻施工现场前，首先要对土建工程，即建筑物的安装现场条件进行检查，在确认符合《综合布线系统工程验收规范》和设计文件相应要求后，方可进行安装。

2. 施工图样核查

要根据现场情况再次对施工图样进行核对，核准布线的走向位置。如有可能，可让施工经验丰富的高级施工人员对设计图样进行二次核准，提出修改意见。包括：走线的隐蔽性、工程对建筑物破坏（建筑结构特点）、如何利用现有空间同时避开电源线路和其他线路、现场情况下对线缆等的必要和有效的保护需求，施工的工作量和可行性（如打过墙眼等）等方面，然后将结果提供给施工人员、督导人员和主管人员使用。

3. 修正规划

依据最终许可手续的规划设计，计算用料和用工，综合考虑设计实施中管理操作等的费用，修正预算和工期以及施工方案和安排。实施方案需要与用户方协商认可签字，并指定协调负责人员、指定工程负责人和工程监理人员，负责规划备料、备工、用户方配合要求等方面事宜，提出各部门配合的时间表，负责内外协调与施工组织和管理现场施工现场认证测试，制作测试报告、制作布线标记系统。

在完成以上工作后，对施工现场进行合格性检查。

4. 检查设备间、配线间

（1）墙面要求

墙面涂浅色，选择不易起灰的涂料或无光油漆。

（2）地面要求

要求房屋地面平整、光洁，满足防尘、绝缘、耐磨、防火、防静电、防酸等要求。

活动地板应符合《防静电活动地板通用规范》（SJ/T 10796—2001）的要求，地板板块敷设严密坚固，每平方米水平偏差不应大于 2mm，地板支柱牢固，活动地板防静电措施（设施）的接地应符合设计和产品说明要求。

（3）环境要求

温度要求为 10～30℃，湿度要求为 20%～80%，灰尘和有害气体指标应符合要求。

（4）门的要求

门的高度和宽度应不妨碍设备和器材的搬运。

（5）地槽、暗管、孔洞要求

预留地槽、暗管、孔洞的位置、数量、尺寸应符合设计要求。

（6）照明要求

照明采用水平面一般照明，照度可为 75～100lx（lx，勒克斯，照度单位），进线室应采用具有防潮性能的安全灯，灯开关装于门外。

（7）电源插座要求

电源插座应为 220V 单相带保护的电源插座，插座接地线从 380V/220V 三线五线制的 PE 线引出。其中部分电源插座可根据所连接的设备情况采用 UPS 的供电方式。

（8）接地体电阻值要求

在设备间和配线间设有接地体，如果为单独接地，则接地体的电阻值不应大于 4Ω，如果采用联合接地，则不应大于 1Ω。

5．检查管路系统

（1）检查管路

检查所有设计要求的预留暗管系统是否都已安装完毕，特别是接线盒是否已安装到管路系统中，是否畅通。检查垂井是否满足安装要求。检查预留孔洞是否齐全。

（2）检查天花板和活动地板

检查天花板和活动地板是否安装，是否方便施工，铺设质量和承重是否满足要求。

（3）检查是否有安全制度

检查安全制度是否要求戴安全帽、着劳保服进入施工现场，高空作业要系安全带。垂井和预留孔洞是否有防火措施，消防器材是否齐全有效，器材堆放是否安全。

6．检查型材、管材

工程所需的各种型材、管材与铁件的检验也是工程准备阶段的一项重要任务，主要检查各种金属材料（包括钢材和铁件）的材质、规格是否符合设计文件的规定；表面所做防锈处理是否光洁良好，有无脱落和气泡的现象，有无歪斜、扭曲、飞刺、断裂和破损等缺陷；各种管材的管身和管口是否变形，接续配件是否齐全有效；各种管材（如钢管、硬质 PVC 管等）内壁是否光滑、有无节疤、裂缝，材质、规格、型号及孔径壁厚是否符合设计文件的规定和质量标准。为防止供货商在工程中偷工减料，检测时经常要用千分尺等工具对材料进行抽检。

7．检查线缆、光缆

综合布线工程主要是要把通信的线路布好，布线的重要材料就是线缆、光缆。因此，布线施工最主要的检查对象就是线缆、光缆。

（1）外观检查

1）查看标识文字。电缆的塑料包皮上都印有生产厂商、产品型号、规格、认证信息、长度、生产日期等文字，正品印刷的字符非常清晰、圆滑，基本上没有锯齿状。

2）查看线对色标。线对中白色的那条不应是纯白的，而是带有与之成对的那条芯线颜色的花白，这主要是为了方便用户使用时区别线对。

3）查看线对绕线密度。双绞线的每对线都绞合在一起，正品线缆绕线密度适中且均匀，方向是逆时针，且各线对绕线密度不一。

4）手感检查。双绞线电缆使用铜线做导线芯，线缆质地比较软，方便于施工中的小角度弯曲。

5）高温检查。将双绞线放在高温环境中测试一下，看看在 35～40℃时，双绞线塑料包皮会不会变软，合格品是不会变软的。

（2）与样品对比

为了保障电缆、光缆的质量，在工程的招标投标阶段可以对厂家所提供的产品样品进行分类封存备案，待厂家大批量供货时，用所封存的样品进行对照，检查样品与批量产品品质是否一致。

（3）抽测

双绞线一般以约 305m（1000ft）为单位包装成箱（线轴），也有按 1500m 长度来包装成箱的，光缆则以 2000m 或更长的包装方式。

最好的性能抽测方法是使用认证测试仪（如 FLUKE 系列）配上整轴线缆测试适配器。

整轴线缆测试适配器是 FLUKE 公司推出的线轴电缆测试解决方案，能对线轴中的电缆在被截断和端接之前对它的质量进行评估测试。具体方法是：找到露在线轴外边的电缆头，剥去电缆的外皮 3～5cm，剥去每条导线的绝缘层约 3mm，然后将其一个个地插入到特殊测试适配器的插孔中，启动测试。只需数秒，测试仪即给出线轴电缆关键参数的详细评估结果。如果不具备以上条件，也可随机抽取几箱线缆，从每箱中截出长度为 90m 的线缆，测试电气性能指标，也能比较准确地判定线缆的质量。

4.2.4 施工工具准备

在完成了现场环境检查之后就应该开始进行工具准备并完成器材检查。网络工程需要准备多种不同类型和不同品种的施工工具。

1．线槽、线管和桥架施工工具

包括电钻、充电手钻、电锤、台钻、钳工台、型材切割机、手提电焊机、曲线锯、钢锯、角磨机、钢钎、铝合金人字梯、安全带、安全帽、电工工具箱（老虎钳、尖嘴钳、斜口钳、一字螺钉旋具、十字螺钉旋具、测电笔、电工刀、裁纸刀、剪刀、活扳手、呆扳手、卷尺、铁锤、钢锉、电工皮带、手套等）。

2．线缆敷设工具

包括线缆牵引工具和线缆标识工具。线缆牵引工具有牵引绳索、牵引缆套、扭线转环、滑车轮和防磨装置和电动牵引绞车等，线缆标识工具有手持线缆标识机、热转移式标签打印机等。

3．线缆端接工具

包括双绞线端接工具和光纤端接工具。双绞线端接工具有剥线钳，光纤端接工具有光纤磨接工具和光纤熔接机等。

4．线缆测试工具

压线钳、打线工具、线缆测试工具有简单铜缆线序测试仪，线缆认证测试仪（如 Fluke

DSP 系列、光功率计、光时域反射仪等）。

4.2.5　施工过程中的注意事项

布线施工是综合布线工程中很重要的组成部分，直接影响布线工程建设质量，因此要特别予以重视。

1. 依据规范进行施工

布线时应按照国家《综合布线系统工程验收规范（GB/T 50312—2016）》中的有关规定进行施工。

2. 安全施工

施工时要注意人身安全，安全是第一要务。施工中须戴安全帽，身穿工作服。使用电源时，应按照《电气装置安装工程接地装置施工及验收规范》中的标准执行，严禁随意搭线和安全通道相交架设，防止火灾隐患。

3. 网线做好标记

线缆两头须清楚地做好标记，比如用标签在两头同时标记，用以表示是一根线的两头，以免以后将几十根网线搞混，也方便日后维护。

4. 避免线缆直弯

布线过程中所有线缆均需用 PVC 管套装敷设，穿线过程中尽量避免线缆扭绞和 90°的直弯。网线不能有硬伤，布线完毕后，一定要测试网线是否畅通。

5. 强/弱电要分开

当网线与强电交叉或平行分布时，网线要与强电保持 15cm 左右的距离，同时要尽量远离可能的干扰设备。

6. 线缆不能过长

每根网线的长度不得超过 100m。

4.3　任务实施——工程施工准备

通过对综合布线施工前准备工作相关知识的学习，已经知道了网络布线施工前必须做好充分的准备，这样才能为后期的施工打下良好基础。具体到信息中心楼（第 2 号楼），综合布线系统需要的准备工作如下所述。

4.3.1　成立施工管理队伍

信息中心楼是整个校园网连接的中心，通过它能够使整个校区互联，形成统一的校园网。因此，安排好施工项目管理队伍，建立和谐的内外部施工环境，是至关重要的。

1）乙方：项目管理负责人 1 人。

2）乙方：项目施工人 8 人。
3）甲方：基建处联络人 1 人，负责建筑物说明。
4）甲方：资产处负责人 1 人，负责施工安排与联络。

4.3.2 熟悉施工图样

根据信息中心楼工程设计方案，网管中心建立在信息中心楼 5 层 501 房间，以此房间为中心进行布线，网络采用星形结构，使用锐捷 RG-S6506 作为骨干交换机，具体工程结构图见图 1-2。其中，501 房间为网管中心；201 房间、301 房间、401 房间为设备间；101 房间为管理间。层间使用光纤作为主干线，层内光纤接到桌面，其余局域网使用超 5 类非屏蔽双绞线布线，信息中心楼网络布线工程结构图见图 1-3（除与互联网连接的虚线外，其他虚线均为光纤），具体网络路线布置图见图 2-24。

4.3.3 检查施工现场

信息中心楼是新建楼宇，符合 GB/T 50312—2016《综合布线系统工程验收规范》；设备间、配线间安排合理，每间面积为 $11m^2$，预留地槽、暗管、孔洞的位置、数量、尺寸符合设计要求；所有设计要求的预留暗管系统都已安装完毕，特别是接线盒已安装到管路系统中。以上检查均说明施工现场已具备施工条件，可以进行施工了。

4.3.4 施工工具准备

根据信息中心楼网络布线工程建设需要，需要准备不同类型和不同品种的施工工具，主要包括：
1）线槽、线管和桥架施工工具（电钻、钢锯、切割机、电工工具箱等）。
2）线缆敷设与端接工具（线缆牵引工具、线缆标识工具、剥线钳、光纤端接工具等）。
3）线缆测试工具（压线钳、打线工具、线缆线序测试仪、线缆认证测试仪）。

4.4 任务2　选择布线施工工具

4.4.1 任务引入

古人讲："工欲善其事，必先利其器"。在一个综合布线工程里，施工工具是一个非常重要的组成部分。

以信息学院信息中心楼布线工程为例，该工程包含了双绞线和光纤的布线任务，为了能够高质量地完成此项任务，必须掌握好施工工具的使用与操作，具体如下：
1）各种线缆整理工具。
2）双绞线施工工具。
3）光纤施工工具。

4）线缆敷设辅助工具。

4.4.2 任务分析

信息学院信息中心楼施工需要完成楼宇各层的水平布线及垂直布线，在布线中各种介质的连接线缆敷设是主要的工作。在这个施工过程中包含了很多布线工具的使用，同时在线缆敷设时需要将线缆连接到整层的各个信息点，因而又需要使用到很多布线辅助工具。所以，该工程要求施工人员要熟练掌握各种工具的功能、使用方法及使用技巧，施工人员这方面的素质高低直接影响着工程质量的好坏。为了能很好地完成此项任务，需要了解下面相关知识。

4.5 知识链接——布线施工工具

在网络布线的时候会用到哪些工具，这些工具的作用又是什么，该怎么使用它们，是每个施工人员应该熟练掌握的技能。

4.5.1 线缆整理工具

1. 扎带

扎带分尼龙扎带与金属扎带，综合布线工程中常用的是尼龙扎带。尼龙扎带采用 UL 认可的尼龙 66 材料制成，防火等级 94V-2，耐酸、耐蚀、绝缘性良好，不易老化。

2. 理线器（环）

理线器的作用是为电缆提供平行进入 RJ-45 模块的通路，使电缆在压入模块之前不再多次直角转弯，减少了电缆自身的信号辐射损耗，同时也减少了对周围电缆的辐射干扰。由于理线器使水平双绞线有规律地、平行地进入模块，因此在今后线路扩充时，不会因改变了一根电缆而引起大量电缆的变动，使系统整体可靠性得到保证，即提高了系统的可扩充性。

4.5.2 线缆制作工具

1. 双绞线端接工具

常用的双绞线端接工具主要有以下几种。

1）剥线钳：主要用于剥去双绞线外皮。
2）压线工具：用于双绞线与 RJ-45 头（水晶头）的连接。
3）110 打线工具：打线工具用于将双绞线压接到信息模块和配线架上，信息模块配线架是采用绝缘置换连接器（Insulation Displacement Connector，IDC）与双绞线连接的，IDC 实际上是具有 V 形豁口的小刀片，当把导线压入豁口时，刀片割开导线的绝缘层，与其中的导体形成接触。
4）手掌保护器：在进行模块连接时对手掌进行保护的设备。

2. 光纤制作工具

1）光纤剥离钳：用于剥离光纤涂覆层和外护层。
2）光纤剪刀：用于修剪凯芙拉线（Kevlar 芳纶纱线）。
3）光纤连接器压接钳：用于压接 FC、SC 和 ST 型连接器。
4）光纤接续子：用于尾纤接续、不同类型的光缆转接、室内外永久或临时接续、光缆应急恢复。
5）光纤切割工具：用于多模和单模光纤切割。
6）单芯光纤熔接机：熔接机采用芯对芯标准系统（PAS）进行快速、全自动熔接。
7）光纤显微检视镜：用于检视接头核心及光纤端面周围。

4.5.3 工程施工辅助工具

1. 工具箱与线盘

1）电工工具箱：包括工程施工中的一些基本常用工具。
2）线盘：在施工现场用于电源连接。

2. 充电螺钉旋具与电钻工具

1）充电螺钉旋具：充电螺钉旋具是工程安装中经常使用的一种电动工具，它既可用作螺钉旋具又可用作电钻，特殊情况下还可以当充电电池使用，不用电线提供电源，在任何场合都能工作。
2）手电钻：手电钻既能在金属型材上钻孔，也适用于在木材、塑料上钻孔，是布线系统安装中经常用到的工具。
3）冲击电钻：冲击电钻简称冲击钻，它是一种旋转带冲击的特殊用途的手提式电动工具。
4）电锤：电锤是以单相串励电动机为动力，适用于在混凝土、岩石、砖石砌体等脆性材料上进行钻孔、开槽、凿毛等作业。
5）电镐：比电锤功率大，更具冲击力和振动力的工具。

除此之外，工程中所需用到的辅助工具还包括线槽剪、台虎钳、管子台虎钳、管子切割器、管子钳、螺纹铰板、简易弯管器、曲线锯、角磨机、型材切割机、台钻、梯子等。

4.6 任务实施——工程施工工具

在信息学院信息中心楼的施工中，线缆整理工具主要用到了扎带和理线器（环）。

4.6.1 线缆整理工具的使用

1. 扎带的使用

只要将扎带带身轻轻穿过带孔一拉，即可牢牢扣住。这里使用的是尼龙扎带，其按固定方式分为 4 种：可松式扎带、插销式扎带、固定式扎带和双扣式扎带。在信息中心楼的施工中，它有以下几种使用方式：使用不同颜色的尼龙扎带，进行识别时可对繁多的线路加以区分；使用带有标签的标牌尼龙扎带，在整理线缆的同时可以加以标记；使用带有卡头的尼龙扎带，可以将线缆轻松地固定在面板上。使用扎带时也可用专门工具，它使得扎带的安装极为简单省力，如图 4-1 和图 4-2 所示。还可使用线扣将扎带和线缆等进行固定，线扣分粘贴型和非粘贴型两种。

图 4-1　一般常见的扎带

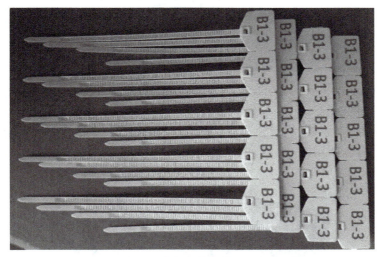

图 4-2　带有标签的标牌尼龙扎带

2．理线器（环、槽）的使用

在信息中心楼的施工中，机柜中使用了以下 3 种理线器。

（1）垂直理线环

安装于机架的上下两端或中部，完成线缆的前后双向垂直管理，如图 4-3 所示。

图 4-3　垂直理线环

（2）水平理线器

安装于机柜或机架的前面，与机架式配线架搭配使用，提供配线架或设备跳线的水平方向的线缆管理。水平理线器如图 4-4 所示。

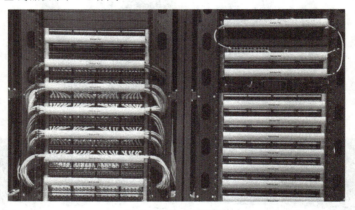

图 4-4　水平理线器

（3）机架顶部理线槽

安装在机架顶部，线缆从机柜顶部进入机柜，为进出的线缆提供一个安全可靠的路径。机架顶部理线槽如图 4-5 所示。

图 4-5　机架顶部理线槽

4.6.2 线缆制作工具的使用

在信息中心楼的双绞线施工中用到了双绞线端接工具、光纤制作工具等。

1. 双绞线端接工具的使用

常用的双绞线端接工具主要有以下几种。

（1）剥线钳

双绞线的表面是不规则的，而且线径存在差别，采用剥线器剥去双绞线的外护套更安全可靠。

剥线钳使用高度可调的刀片或利用弹簧张力来控制合适的切割深度，保障切割时不会伤及导线的绝缘层。剥线钳有多种外观，图 4-6 所示是其中的几种。剥线钳的使用主要依靠使用者的工程实践经验，因此反复练习剥线是掌握剥线技巧的唯一途径。通过大量的练习，寻找剥线时手指的感觉，从而熟练掌握剥线操作。

图 4-6　剥线钳

（2）压线工具

压线工具用来压接 8 位的 RJ-45 插头和 4 位、6 位的 RJ-11、RJ-12 插头。

压线工具可同时提供切和剥的功效，其设计可保证模具齿和插头的角点精确地对齐。通常的压线工具都是固定插头的，有 RJ-45 或 RJ-11 单用的，也有两用的，图 4-7 所示为 RJ-45 单用压线工具，图 4-8 为 RJ-45 两用压线工具。

图 4-7　RJ-45 单用压线工具

图 4-8　RJ-45 两用压线工具

（3）打线工具

打线工具由手柄和刀具组成，它是两端式的，一端具有打接及裁线的功能，可裁剪掉多余的线头，另一端不具有裁线的功能，工具的一面显示清晰的"CUT"字样，方便用户在安装的过程中识别正确的打线方向。手柄握把具有压力旋转钮，可进行压力大小的选择，图 4-9 所示是一种多功能打线工具，适用于线缆跳接块及跳线架的连接作业。

图 4-9 110 多功能打线工具

(4) 手掌保护器

因为把双绞线的 4 对芯线卡入到信息模块的过程比较困难，并且由于信息模块容易划伤手，于是就有厂家专门设计生产了一种打线保护装置，将信息模块嵌套在保护装置后再对信息模块压接，这样一方面方便把双绞线卡入到信息模块中，另一方面也可以起到隔离手掌、保护手掌的作用，如图 4-10 所示。

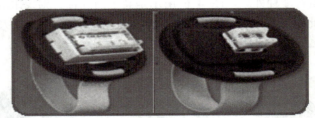

图 4-10 手掌保护器

2．光纤制作工具的使用

(1) 光纤剥离钳

光纤剥离钳的种类很多，图 4-11 所示为双口光纤剥离钳。

光纤剥离钳是双开口、多功能的。钳刃上的 V 形口用于精确剥离 250μm、500μm 涂覆层以及 900μm 缓冲层。第二开孔用于剥离 3mm 尾纤外护层。所有的切端面都有精密的机械公差以保证干净、平滑地操作。不使用时可将刀口锁在关闭状态。

图 4-11 双口光纤剥离钳

(2) 光纤剪刀

图 4-12 所示是高杠杆率 Kevlar 剪刀，是一种防滑锯齿剪刀，复位弹簧可提高剪切速度，注意只可剪光纤线的凯芙拉层，不能剪光纤内芯线玻璃层及作为剥皮之用。

图 4-12　高杠杆率 Kevlar 剪刀

（3）光纤连接器压接钳

光纤连接器压接钳用于压接 FC、SC 和 ST 型连接器，如图 4-13 所示。

图 4-13　光纤连接器压接钳

（4）光纤接续子

光纤接续子有很多类型，图 4-14 所示为 CamSplice 光纤接续子，它是一种简单易用的光纤接续工具，它可以接续多模或单模光纤。它的特点是使用一种"凸轮"锁定装置，无需任何黏合剂。CamSplice 光纤接续子使用起来非常简单，操作步骤是：剥纤并把光纤切割好，将需要接续的光纤分别插入接续子内，直到它们互相接触，然后旋转凸轮以锁紧并保护光纤。这个过程中无需任何黏合剂或其他的专用工具，当然使用夹具操作更方便。一般来说，接续一对光纤不会超过 2min。

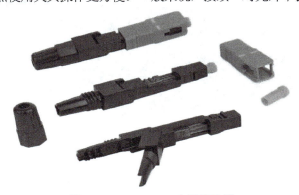

图 4-14　CamSplice 光纤接续子

（5）光纤切割工具

光纤切割工具包括通用光纤切割工具（如图4-15所示）和光纤切割笔。光纤切割工具用于光纤精密切割，光纤切割笔用于光纤的简易切割。

图4-15　光纤切割工具

（6）单芯光纤熔接机

它配备有双摄像头和5in（1in=25.4mm）高清晰度彩显，能进行X轴、Y轴同步观察。深凹式防风盖，在15m/s的强风下能进行接续工作，可以自动检测放电强度，放电稳定可靠，能够进行自动光纤类型识别，自动校准熔接位置，自动选择最佳熔接程序，自动推算接续损耗。其选件及必备件有：主机、AC转换器/充电器、AC电源线、监视器罩、电极棒、便携箱、操作手册、精密光纤切割刀、充电/直流电源和涂覆层剥皮钳，如图4-16所示。

图4-16　单芯光纤熔接机

（7）光纤显微检视镜

光纤显微检视镜一般有60～400倍不等的可调光纤放大镜，其体积较小，携带方便，适配接口一般为通用适配接口，如图4-17所示。

模块4 综合布线工程施工

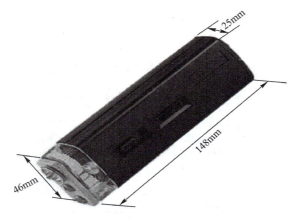

图 4-17 光纤显微检视镜

（8）其他光纤工具

除上述光纤工具外，还有光纤固化加热炉、手动光纤研磨工具、光纤头清洗工具、光纤探测器和常用光纤施工工具包等。光纤施工工具包如图4-18所示。

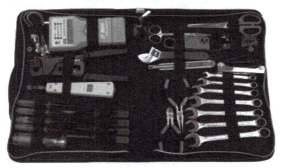

光纤工具包（37件组）
- 多功能网络测试仪
- RJ-45/RJ-11压线钳
- 端子压线钳
- 螺钉批主杆
- 8PCS螺钉批
- 160mm塑柄剪刀
- 140mm不锈剪刀
- 150mm活动扳手
- 纸刀
- 3芯电缆剥线钳
- 2芯电缆剥线钳
- 125mm尖嘴钳
- 125mm斜嘴钳
- 7PCS内六角扳手(mm)
  1.5、2.0、2.5、3.0
  4.0、5.0、6.0
- 7PCS两用扳手(mm)
  8、9、10、11、12
  13、15

图 4-18 光纤施工工具包

4.6.3 工程施工辅助工具的使用

1. 电工工具箱的使用

电工工具箱是布线施工中必备的工具，它一般应包括有钢丝钳、尖嘴钳、斜口钳、剥线钳、一字螺钉旋具、十字螺钉旋具、测电笔、电工刀、电工胶带、活扳手、呆扳手、卷尺、铁锤、錾子、斜口錾、钢锉、钢锯、电工皮带和工作手套等工具。工具箱中还应常备诸如水泥钉、木螺钉、自攻螺钉、塑料膨胀管、金属膨胀栓等小材料，电工工具箱的部分工具如图 4-19 所示。

图 4-19　电工工具箱的部分工具

2. 线盘的使用

在施工现场，特别是室外施工现场，由于施工范围广，不可能随时随地都能取到电源，因此要用长距离的电源线盘接电，线盘长度有 20m、30m、50m 等型号，如图 4-20 所示。

图 4-20　线盘

3. 充电螺钉旋具

充电螺钉旋具可单手操作，具有正反转快速变换按钮，使用灵活方便。强大的扭力，配合各式通用的六角工具头可以拆卸及锁入螺钉、钻洞等。充电螺钉旋具可取代传统螺钉旋具，拆卸锁入螺钉完全不费力，可大大提高工效，如图 4-21 所示。

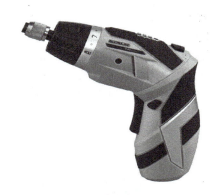

图 4-21　充电螺钉旋具

4. 手电钻

手电钻由电动机、电源开关、电缆和钻孔头等组成。用钻头钥匙开启钻头锁，使钻夹头扩开或拧紧，使钻头松出或牢固，如图 4-22 所示。

图 4-22　手电钻

5. 冲击电钻

冲击电钻由电动机、减速箱、冲击头、辅助手柄、开关、电源线、插头及钻头夹等组成，适用于在混凝土、预制板、瓷面砖、砖墙等建筑材料上钻孔或打洞，如图 4-23 所示。

图 4-23　冲击电钻

6. 电锤

电锤是以单相串励电动机为动力，适用于在混凝土、岩石、砖石砌体等脆性材料上进行钻孔、开槽、凿毛等作业。电锤钻孔速度快，而且成孔精度高，它与冲击电钻从功能上看有相似的地方，但从外形与结构上看还是有明显区别的，功能上主要的区别是电锤具有强烈的冲击力，如图 4-24 所示。

图 4-24　电锤

7. 电镐

电镐采用了精确的重型电锤机械结构，如图 4-25 所示。电镐具有极强的混凝土铲凿功能，它比电锤功率大，且更具冲击力和振动力，但其具备的减振控制使操作更加安全，能产生效能可调控的冲击能量，适合多种材料条件下的施工。

图 4-25　电镐

4.7　任务 3　综合布线线缆施工

4.7.1　任务引入

信息学院信息中心楼（第 2 号楼）的综合布线施工方案，涉及双绞线和光纤的设备连接技

术及线缆的敷设技术,在实际的施工过程中,主要应完成如下任务:

1) 双绞线的端接及线缆敷设。
2) 光纤的端接及线缆敷设。

4.7.2 任务分析

在本任务中,需要完成信息中心楼的线缆敷设(局部施工示意图如图 4-26 所示),用到了两种主要的线缆传输介质:双绞线、光纤。在整个施工过程中,根据用户对不同线缆的敷设要求及具体情况,结合相关的综合布线标准及工程实施准则,如何将布线理论合理地运用在本工程中是工程实施中最关键的问题。在具体施工环境下"因地制宜",高品质完成工程是本工程的重中之重。当然,这种结合应该是建立在熟练掌握各种线缆连接操作的基础之上的。

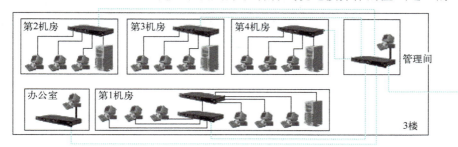

图 4-26 信息中心楼的局部施工示意图

同时需要说明的一点是:工程施工是工程设计的实际操作,而实际操作的过程是一个复杂的系统工程,施工过程中会受到天气状况、施工环境、用户要求变更、供需双方人际关系等不确定因素的影响。

通过大量的工程实例证明,过硬的施工技术是完成综合布线系统工程的基础保障,而仅仅依靠施工技术是很难完成一个优质的综合布线系统工程的,良好的工程习惯、面对问题时灵活的处理方式、理论与实践的结合能力,同样是一个优质的工程施工不可或缺的。

4.8 知识链接——线缆施工

线缆施工是综合布线系统工程的关键环节,必须明确相关的施工规则。

4.8.1 双绞线制作

1. 跳线

跳线做法遵循国际标准 TIA/EIA 568,有 A、B 两种端接方式(双绞线的两种接法,即 TIA/EIA 568A 和 TIA/EIA 568B):IBM 公司的产品通常用端接方式 A,AT&T 公司的产品通常用端接方式 B,端接时双绞线的线序定义见表 4-1。

而跳线的连接方法也主要有两种:直通跳线和交叉跳线。直通跳线也就是普通跳线,用于计算机网卡与模块的连接、配线架与配线间的连接、配线架与集线器或交换机的连接。两端的

RJ-45 模块接线方式是相同的,两端都遵循 TIA/EIA 568A 或 TIA/EIA 568B 标准。而交叉跳线用于集线器与交换机等设备间的连接。两端的 RJ-45 模块接线方式是不相同的,要求其中的一个接线对调 1/2、3/6 线对。而其余线对则可依旧按照一一对应的方式安装。

表 4-1 端接时双绞线的线序定义

线序	1	2	3	4	5	6	7	8
TIA/EIA 568A	白绿	绿	白橙	蓝	白蓝	橙	白棕	棕
TIA/EIA 568B	白橙	橙	白绿	蓝	白蓝	绿	白棕	棕
绕对	同一绕对		与6同一绕对	同一绕对		与3同一绕对	同一绕对	

在小型办公网络或家庭网络的安装中,经常提到双机互联跳线,其实就是交叉跳线。这种跳线并非综合布线中使用的标准跳线,而是一种特殊的硬件设备连接线。它使用在双绞线将两台计算机直接连接时,或两台集线器或两台交换机要通过 RJ-45 接头对接时,就需要 crossover(俗称交叉连接线、跳线)。它按照一个专门的连接顺序,一端按照 TIA/EIA 568A 标准,而另一端按照 TIA/EIA 568B 标准进行安装。

RJ-45 模块交叉跳线的对接方法见表 4-2。

表 4-2 RJ-45 模块交叉跳线的对接方法

线序	1	2	3	4	5	6	7	8
一端	白橙	橙	白绿	蓝	白蓝	绿	白棕	棕
另一端	白绿	绿	白橙	蓝	白蓝	橙	白棕	棕

2. 材料

线缆材料包括线缆本身和连接它的接头。

(1) RJ-45 接头

RJ-45 接头之所以被称为"水晶头",是因为它的外表晶莹透亮。RJ-45 接头排线示意图如图 4-27 所示。

双绞线的两端必须都安装 RJ-45 接头,以便插在网卡、集线器或交换机(Switch)RJ-45 接头的插槽上。制作网线所需要的 RJ-45 接头前端有 8 个凹槽,简称"8P(Position,位置)";凹槽内的金属接点共有 8 个,简称"8C(Contact,接点或触点)",因此业界对此有"8P8C"的别称。从侧面观察 RJ-45 接头,可见到平行排列的金属片,一共有 8 片。每片金属片前端都有个突出的透明框,从外表来看就是一个金属接点。

按金属片的形状来区分,RJ-45 接头又有"二叉式 RJ-45"和"三叉式刚 45"之分。RJ-45 接头的 8 个接点虽然长得都一样,但它们有各自的名称。压接在电缆两端、大小约 1 mm 的透明长框称为 RJ-45 接头;而位于网卡或集线器上的 8 只接触金属脚的凹槽,则称为 RJ-45 插槽。RJ-45 接头的一侧带有一条具有弹性的卡栓,用来固定在 RJ-45 插槽上。

RJ-45 接头虽小,但在网络传输中非常重要,因为网络故障中有相当一部分是因为 RJ-45 接头质量不好造成的,主要体现在以下两方面:

1) 接触探针是镀铜的,容易生锈,造成接头接触不良,网络不通。
2) 塑料扣位不紧(通常是接点变形所致),造成接头接触不良,网络中断。

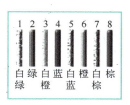
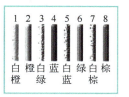
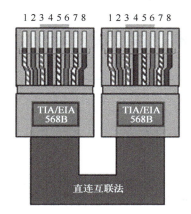
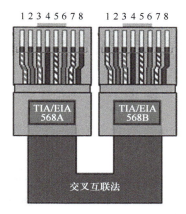

图 4-27 RJ-45 接头排线示意图

 说明：图 4-26 中的 1、2、3、4、5、6、7、8 接点的顺序不是随便定的，而是在把水晶头有金属弹片的一面向上，塑料扣片向下，插入 RJ-45 的一头向外，从左到右依次为 1、2、3、4、5、6、7、8 接点。

（2）双绞线

在双绞线产品家族中，主要的品牌有安普（AMP）、西蒙（Siemon）、朗讯（Lucent）、丽特网络（NORDX/CDT）、亚美亚（AVAYA）。

3．信息模块

在网络布线中，水晶接头通常不是直接插到集线器或交换机上，而是先把来自集线器或交换机的网线与信息模块连在一起并埋在墙上，这就涉及信息模块芯线排列顺序问题，即跳线规则。

交换机或集线器到网络模块之间的网线连接方法遵循 TIA/EIA 568 标准进行，但因其有 A、B 两种端接方式（IBM 公司的产品通常用端接方式 A，AT＆T 公司的产品通常用端接方式 B）。两种端接方式所对应的接线顺序前面已经讲过，这里就不重复了。

虽然从集线器或交换机到工作站的网线可以是不经任何跳线的直连线，但为了保证网络的高性能，最好同一网络采取同一种端接方式，包括信息模块和网线插头的端接。因为在信息模块各线槽中都有相应的颜色标注，只需要选择相应的端接方式，然后按模块上的颜色标注把芯线卡入相应的线槽中即可。接头和信息模块各引脚的对应顺序如图 4-28 所示。

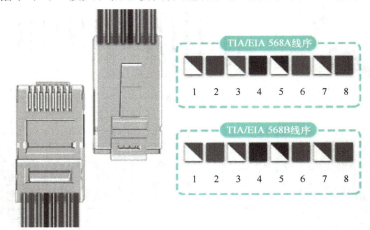

图 4-28　接头和信息模块各引脚的对应顺序图

4．线缆管道敷设

　　线缆管道敷设是网络布线工程中的一项重要工作，线缆管道如何敷设，应视工程条件、环境特点、线缆类型和数量等因素，以及满足运行可靠、便于维护和技术经济合理的原则来选择。下面以金属管线为例进行说明。

　　（1）金属管的敷设

　　1）金属管的要求。金属管应符合设计文件的规定，表面不应有穿孔、裂缝和明显的凹凸不平，内壁应光滑，并不允许有锈蚀。在易受机械损伤的地方和在受力较大处直埋时，应采用有足够强度的管材。

　　2）金属管的切割套丝。在配管时，根据实际需要长度，对金属管进行切割。金属管的切割可使用钢锯、切割刀或电动切管机，严禁用气割。金属管和金属管连接，金属管和接线盒、配线箱的连接，都需要在金属管端部进行套丝。套丝时，先将金属管在管钳上固定压紧，然后再套丝，套完后应立即清扫管口，将管口端面和内壁的毛刺锉光，使管口保持光滑。

　　3）金属管的弯曲。在敷设时，应尽量减少金属管弯头，每根金属管的弯头不应超过 3 个，直角弯头不应超过 2 个，且不应有 S 弯出现。金属管的弯曲一般都用弯管进行，先将金属管需要弯曲部位的前段放在弯管器内，焊缝放在弯曲方向背面或侧面，以防金属管弯偏，然后用脚踩住金属管，手扳弯管器，便可得到所需要的弯度。暗管管口应光滑，并加有绝缘套管，管口伸出部位应为 25～30mm。

　　4）金属管的连接。金属管连接应牢靠，密封应良好，连接两管口时应对准。套接的短套管或带螺纹的管接头的长度，不应小于金属管外径的 2.2 倍。金属管的连接采用短套接时，施工简单方便；采用管接头螺纹连接则较美观，可保证金属管连接后的强度。金属管进入信息插座的接线盒后，暗埋管可用焊接固定，管口进入盒内的露出长度应小于 5mm。明设管则应用锁紧螺母或带丝扣管帽固定，露出锁紧螺母的丝扣为 2～4 扣。

　　5）金属管的敷设。

　　① 预埋在墙体中间的金属管内径不宜超过 50mm，楼板中的管径宜为 15～25mm，直线布管 30mm 处设置暗线盒。敷设在混凝土、水泥里的金属管，其地基应坚实、平整，不应有沉

陷，以保证敷设后的线缆安全运行。

② 金属管连接时，管孔应对准，接缝应严密，不得有水泥、砂浆渗入。管孔对准、无错位，以免影响管、线、槽的有效管理，保证线缆敷设顺利。

③ 金属管道应有不小于 0.1%的排水坡度。

④ 建筑群之间金属管的埋设深度不应小于 0.7m；在人行道下面敷设时，不应小于 0.5m。

⑤ 金属管内应安置牵引线或拉线。

⑥ 金属管的两端应有标记，表示建筑物、楼层、房间和长度。

⑦ 光缆与电缆同管敷设时，应在金属管内预置塑料子管。将光缆敷设在子管内，使光缆和电缆分开布放，子管的内径应为光缆外径的 2.5 倍。

（2）金属线槽的敷设

1）线槽安装要求。

① 线槽安装位置应符合施工图规定，左右偏差视环境而定，最大不应超过 50mm。

② 线槽水平每米偏差不应超过 2mm。

③ 垂直线槽应与地面保持垂直，并无倾斜现象，垂直度偏差不应超过 3mm。

④ 线槽节与节间用接头连接板拼接，螺钉应拧紧。两线槽拼接处水平度偏差不应超过 2mm。

⑤ 当直线段桥架超过 30m 或跨越建筑物时，应有伸缩缝。

⑥ 其连接宜采用伸缩连接板。

⑦ 线槽转弯半径不应小于其槽内的线缆最小允许弯曲半径的最大者，盖板应紧固。

⑧ 支吊架应保持垂直，整齐牢靠，无歪斜现象。

2）预埋金属线槽支撑保护要求。

① 在建筑物中预埋的线槽可有不同的尺寸，按一层或两层设置，应至少预埋两根以上，线槽截面高度不宜超过 25mm。

② 线槽直埋长度超过 15m 或在线槽路由交叉、转弯时宜设置拉线盒，以便布放线缆盒时维护。

③ 拉线盒盖应能开启，与地面齐平；盒盖处应能开启，并采取防水措施。

④ 线槽宜采用金属管引入分线盒内。

3）设置线槽支撑保护要求。

① 水平敷设时，支撑间距一般为 1.5～3m，垂直敷设时，固定在建筑物构体上的间距宜小于 2m。

② 敷设金属线槽时，下列情况应设置支架或吊架：线缆接头处、间距 3m、离开线槽两端口 0.5m 处、线槽走向改变或转弯处。

③ 在活动地板下敷设线缆时，活动地板内净空不应小于 150mm。如果活动地板内作为通风系统的风道使用，地板内净高不应小于 300mm。

④ 在工作区的信息点位置和线缆敷设方式未定的情况下，或在工作区采用地毯下布放线缆时，在工作区宜设置交接箱。

4）干线子系统线缆敷设支撑保护。线缆不得布放在电梯或管道竖井内；干线通道间应可相互沟通；弱电间中线缆穿过每层楼板的孔洞宜为方形或圆形。建筑群子系统线缆敷设支撑保护应符合设计要求。

4.8.2 光缆施工

1. 操作要求

在进行光纤接续或制作光纤连接器时,施工人员必须戴上眼镜和手套,穿上工作服,保持环境洁净。

不允许观看已通电的光源、光纤及其连接器,更不允许用光学仪器观看已通电的光纤传输通道器件。

只有在断开所有光源的情况下,才能对光纤传输系统进行维护操作。

2. 光纤布线过程

首先,光纤的纤芯是石英玻璃的,极易弄断,因此在施工时,其弯曲角度绝不允许超过最小的弯曲半径。其次,光纤的抗拉强度比电缆小,因此在操作光缆时,拉力不允许超过各种类型光缆抗拉强度。再次,在光缆敷设好以后,在设备间和楼层配线间,将光缆捆接在一起,然后才进行光纤连接,可以利用光纤端接装置(OUT)、光纤耦合器、光纤连接器面板来建立模组化的连接。当敷设光缆工作完成后及光纤交连和在应有的位置上建立互连模组以后,就可以将光纤连接器加到光纤末端上,并建立光纤连接。最后,通过性能测试来检验整体通道的有效性,并为所有连接加上标签。

4.8.3 管理间与设备间施工

1. 双绞线配线设备的安装

(1) 机架安装要求

① 机架安装完毕后,水平、垂直度应符合生产厂家规定。若无厂家规定,垂直度偏差不应大于 3mm。

② 机架上的各种零件不得脱落或碰坏,各种标志应完整清晰。

③ 机架的安装应牢固,应按施工的防震要求进行加固。

④ 安装机架面板,架前应留 0.6m 的空间,便于安装和维护,机架背面离墙面距离视其型号而定。

(2) 配线架安装要求

① 采用下走线方式时,架底位置应与电缆上线孔相对应。

② 各直列垂直倾斜误差应不大于 3mm,底座水平误差每平方米应不大于 2mm。

③ 接线端子各种标记应齐全。

④ 交接箱或暗线箱宜设在墙体内。安装机架、配线设备接地体应符合设计要求。

2. 光纤配线设备

1) 光缆配线设备的使用应符合规定。

2) 光缆配线设备的型号、规格应符合设计要求。

3) 光缆配线设备的编排及标记名称应与设计相符。各类标记名称应统一,标记位置应正确、清晰。

4.9 任务实施——工程线缆施工

通过任务分析和相关知识学习,对线缆施工规则已经有了初步的了解,但真正的工程施工要做好下面几项工作。

4.9.1 双绞线直通 RJ-45 接头的制作

第 1 步:用双绞线网线钳(或其他剪线工具)把六类双绞线的一端剪齐,最好先剪一段符合布线长度要求的网线,然后把剪齐的一端插入到网线钳用于剥线的缺口中,注意双绞线不能弯曲,直插进去,直到顶住网线钳后面的挡位,稍微握紧网线钳慢慢旋转一圈,让刀口划开双绞线的保护胶皮,拔下胶皮,操作如图 4-29 所示。当然也可使用专门的剥线工具来剥下保护胶皮。这里需要说明的一点是,在剥线完毕后,一定要仔细检查线芯的外皮是否受到伤害,如线芯的外皮有破损,一定要剪掉损坏部分重新剥线。好的网线钳与优质的双绞线配合使用通常不会出现较大问题,因为网线钳做工精良,剥线的两刀片之间留有一定距离,这段距离通常就是优质的双绞线里面 4 对芯线的直径。然而,实际工程中的情况往往是不可预测的,可能会造成线芯损坏的情况。因此在实训的过程中一定要仔细检查线芯的外皮是否受损,同时在剥线的过程中要有目的地去寻找手与网线钳及双绞线之间的感觉,提高剥线的成功率。

图 4-29 使用网线钳剥线

说明:网线钳挡位离剥线刀口的长度通常恰好为水晶接头的长度,这样可以有效避免剥线过长或过短。剥线过长一方面不美观,另一方面因网线不能被水晶接头卡住,容易松动;剥线过短,因线芯有包皮存在,不能完全插到水晶接头底部,造成水晶接头插针不能与网线芯线完好接触,容易制作失败。

第 2 步:剥除外包皮后即可见到双绞线网线的 4 对 8 条芯线,并且可以看到每对的颜色都不同。每对缠绕的两根芯线是由一种染有相应颜色的芯线加上一条相应颜色与白色相间的芯线组成。4 条全色芯线的颜色为:棕色、橙色、绿色、蓝色,将 4 对芯线按所需的线序打开排列好。注意一般在进行线序重排的过程中所遵循的方法是:用到哪根线,将该线对打开、排列,而不是一次性将 8 根线全部打开再进行排列。这样做的原因是:市场中有一部分双绞线颜色标记不是非常科学,白线的标记是通过在线芯上隔一段距离用一个全色的漆点来标志的,有时两个漆点间的距离比较远,一旦工程中所使用的双绞线是这种类型的,那么一次性将 8 根线全部打开再进行排列的方法有时会造成线序的混乱。

将每条芯线拉直,并且要相互分开并行排列,不能重叠。然后用网线钳垂直于芯线排列方向剪齐(不要剪太长,剪齐即可),如图 4-30 所示。芯线自左至右编号的顺序定为 1、2、3、4、5、6、7、8。

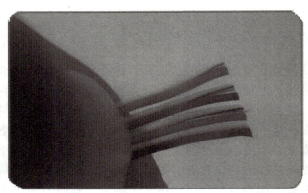

图 4-30　双绞线剪齐示意图

第 3 步:左手水平握住水晶接头(塑料扣的一面朝下,开口朝右),然后把剪齐、并排的 8 条芯线对准水晶接头开口并排插入水晶接头中,注意一定要使各条芯线都插到水晶接头的底部,不能弯曲。因为水晶接头是透明的,所以可以从水晶接头有卡位的一面清楚地看到每条芯线所插入的位置。

第 4 步:确认所有芯线都插到水晶接头底部后,即可将插入网线的水晶接头直接放入网线钳压线缺口中,如图 4-31 所示。因网线钳缺口结构与水晶接头结构一样,一定要正确放入才能使压下网线钳手柄时所压位置正确。水晶接头放好后即可压下网线钳手柄,一定要使劲,使水晶接头的插针都能插入到网线芯线之中,与之接触良好。然后再用手轻轻拉一下网线与水晶接头,看是否压紧,最好多压一次,最重要的是要注意所压位置一定要正确。

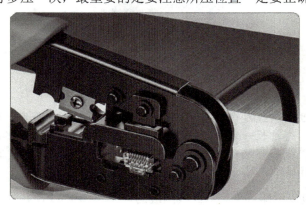

图 4-31　使用网线钳压水晶接头

至此,这个 RJ-45 水晶接头就压接好了。

图 4-32 所示是一条两端都制作好水晶接头的网线,这是一条由专业公司用机器制作的双绞线网线。

图 4-32　两端都制作好水晶接头的网线

4.9.2　信息模块的制作

信息模块的具体制作步骤如下。

1）用剥线工具在离双绞线一端 130mm 长度左右的位置把双绞线的外皮剥去，如图 4-33 所示。

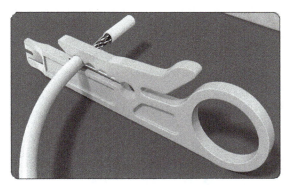

图 4-33　使用简易的专业剥线钳剥去双绞线外皮

2）把剥开的 4 对双绞线芯线分开，但为了便于区分，此时最好不要拆开各芯线线对，只是在卡相应芯线时才拆开。按照信息模块上所指示的芯线颜色线序，把一小段对应的芯线拉直，稍稍用力将芯线卡入相应的线槽内，如图 4-34 所示。

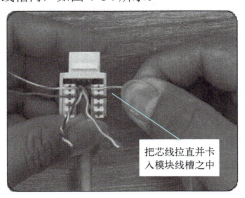

图 4-34　把芯线卡入信息模块线槽之中

3）全部芯线都嵌入好后即可用打线钳再一根根把芯线进一步压入线槽中，确保接触良好，如图 4-35 所示。然后打掉模块外多余的线。

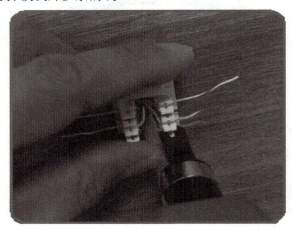

图 4-35　使用打线钳把芯线进一步压入线槽中

说明：通常情况下，信息模块上会同时标记有 TIA/EIA 568A 和 TIA/EIA 568B 两种芯线颜色线序，应当根据布线设计时的规定，与其他连接部件和设备采用相同的线序。

4）将信息模块的塑料防尘片沿缺口穿入双绞线，并固定于信息模块上，如图 4-36 所示，压紧后即完成模块的制作全过程。然后再把制作好的信息模块放入信息插座中。

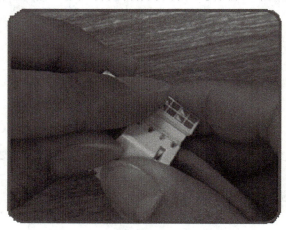

图 4-36　将塑料防尘片沿缺口穿入双绞线，并固定于信息模块上

4.9.3　双绞线布线

1. 布线安全

参加施工的人员应遵守以下几点。

1）穿着合适的衣服。
2）使用安全的工具。
3）保证工作区的安全。
4）制定施工安全措施。

2. 线缆布放的一般要求

1）线缆布放前应核对规格、程序、路由及位置是否与设计规定相符合。

2）布放的线缆应平直，不得产生扭绞、打圈等现象，线缆不应受到外力挤压和损伤。

3）在布放前，线缆两端应贴有标签，标明起始和终端位置以及信息点的标号，标签书写应清晰、端正和正确。

4）信号电缆、电源线、双绞线缆、光缆及建筑物内其他弱电线缆应分离布放。

5）布放线缆应有冗余。在二级交接间、设备间，双绞电缆预留长度一般为3～6m，工作区为0.3～0.6m。特殊要求的应按设计要求预留。

6）布放线缆，在牵引过程中吊挂线缆的支点相隔间距不应大于1.5m。

7）线缆布放过程中为避免受力和扭曲，应制作合格的牵引端头。如果采用机械牵引，应根据线缆布放环境、牵引的长度、牵引张力等因素选用集中牵引或分散牵引等方式。

3. 放线

（1）从线缆箱中拉线

1）除去塑料塞。

2）通过出线孔拉出数米的线缆。

3）拉出所要求长度的线缆，割断后再让线缆滑回到槽中去，留数厘米伸出在外面。

4）重新插上塞子以固定线缆。

（2）线缆处理（剥线）

1）使用斜口钳在线缆的塑料外衣上切开"1"字形长的缝。

2）找出尼龙扯绳。

3）将电缆紧握在一只手中，用尖嘴钳夹紧尼龙扯绳的一端，并把它从线缆的一端拉开，拉的长度根据需要而定。

4）割去无用的电缆外衣。

4. 线缆牵引

用一条拉线将线缆牵引穿入墙壁管道、吊顶和地板管道称为线缆牵引。在施工中，应使拉线和线缆的连接点尽量平滑，所以要采用电工胶带在连接点外面紧紧缠绕，以保证其平滑和牢靠。

（1）牵引多条4对双绞线

1）将多条线缆聚集成一束，并使它们的末端对齐。

2）用电工胶带紧绕在线缆束外面，在末端外绕长5～6cm。

3）将拉绳穿过电工胶带缠好的线缆束，并打好结。

（2）如连接点散开，则要重新制作

1）剥去一些绝缘层，暴露出5cm的裸线。

2）将裸线分成两条。

3）将两束导线互相缠绕起来形成环。

4）将拉绳穿过此环，并打结，然后将电工胶带缠到连接点周围，要缠得结实和平滑。

（3）牵引多条25对双绞线

1）剥除约30cm的线缆护套，包括导线上的绝缘层。

2）使用斜口钳将线切去，留下约12根。

3）将导线分成两个绞线组。
4）将两组绞线交叉穿过拉线的环，在线缆的另一边建立一个闭环。
5）将双绞线一端的线缠绕在一起以使环封闭。
6）将电工胶带紧紧地缠绕在线缆周围，覆盖长度约 5cm，然后继续绕一段。

5．建筑物水平线缆布线

（1）管道布线

管道布线是在浇筑混凝土时就已把管道预埋在地板中，管道内有牵引电缆线的钢丝或铁丝，施工时只须通过管道图样了解地板管道，就可做出施工方案。

对于没有预埋管道的新建筑物，布线施工可以与建筑物装潢同步进行，这样便于布线，又不影响建筑的美观。

管道一般从配线间埋到信息插座安装孔，施工时只要将双绞线固定在信息插座的接线端，从管道的另一端牵引拉线就可将线缆引到配线间。

（2）吊顶内布线

1）索取施工图样，确定布线路由。
2）沿着所设计的路由（即在电缆桥架槽体内），打开吊顶，用双手推开每块镶板。
3）将多个线缆箱并排放在一起，并使出线口向上。
4）加标注，纸箱上可直接写标注，线缆的标注写在线缆末端，贴上标签。
5）将合适长度的牵引线连接到一个带卷上。
6）从离配线间最远的一端开始，将线缆的末端（捆在一起）沿着电缆桥架牵引经过吊顶走廊的末端。
7）移动梯子将拉线投向吊顶的下一孔，直到绳子到达走廊的末端。
8）将每两个箱子中的线缆拉出形成"对"，用胶带捆扎好。
9）将拉绳穿过 3 个用带子缠绕好的线缆对，绳子结成一个环，再用带子将 3 对线缆与绳子捆紧。
10）回到拉绳的另一端，人工牵引拉绳。所有的 6 条线缆（3 对）将自动从线箱中拉出并经过电缆桥架牵引到配线间。
11）对下一组线缆（另外 3 对）重复第 8）步的操作。
12）继续将剩下的线缆组增加到拉绳上，每次牵引它们向前，直到走廊末端，再继续牵引这些线缆一直到达配线间连接处。

当线缆在吊顶内布完后，还要通过墙壁或墙柱的管道将线缆向下引至信息插座安装孔。将双绞线用胶带缠绕成紧密的一组，将其末端送入预埋在墙壁中的 PVC 圆管内并把它往下压，直到在插座孔处露出 25～30mm。

4.9.4　双绞线连接和信息插座的端接

1．双绞线端接的一般要求

1）在端接线缆前，必须检查标签颜色和数字的含义，并按顺序端接。
2）线缆中间不得产生接头现象。
3）线缆端接处必须卡接牢靠，接触良好。

4）线缆端接处应符合设计和厂家安装手册要求。

5）双绞线与连接硬件连接时，认准线号、线位色标，不得颠倒顺序和错接。

2. 模块化配线板的端接

首先把配线板按顺序依次固定在标准机柜的垂直滑轨上，用螺钉上紧，每个配线板须配有 1 个 19U 的配线管理架。

1）在端接线对之前，首先要整理线缆。用电工胶带将线缆缠绕在配线板的导入边缘上，最好是将线缆缠绕固定在垂直通道的挂架上，这样可保证在线缆移动期间避免线对的变形。

2）从右到左穿过线缆，并按背面数字的顺序端接线缆。

3）对每条线缆，切去所需长度的外皮，以便进行线对的端接。

4）对于每一组连接块，设置线缆通过末端的保持器（或用扎带扎紧），保证线对在线缆移动时不变形。

5）当弯曲线对时，要保持合适的张力，以防毁坏单个的线对。

6）线对必须正确地安置到连接块的分开点上。这对于保证线缆的传输性能是很重要的。

7）开始把线对按顺序依次放到配线板背面的索引条中，从右到左的色码依次为紫、紫/白、橙、橙/白、绿、绿/白、蓝、蓝/白。

8）用手指将线对轻压到索引条的夹中，使用打线工具将线对压入配线模块并将伸出的导线头切断，然后用锥形钩清除切下的碎线头。

9）将标签插到配线模块中，以标示此区域。

3. 信息插座端接

安装要求：信息插座应牢靠地安装在平坦的地方，外面有盖板。安装在活动地板或地面上的信息插座，应固定在接线盒内。插座面板有直立和水平等形式；接线盒应有开启口，可防尘。

安装在墙体上的插座，应高出地面 30cm，地面采用活动地板时，应加上活动地板内净高尺寸。固定螺钉须拧紧，不应有松动现象。

信息插座应有标签，以颜色、图形、文字表示所接终端设备的类型。

4.9.5 光缆施工

布放光缆应平直，不得产生扭绞、打卷等现象，不应受到外力挤压和损伤。光缆布放前，其两端应贴有标签，以表明起始和终端位置。标签应书写清晰、端正和正确。最好以直线方式敷设光缆，如有拐弯，光缆的弯曲半径在静止状态时至少应为光缆外径的 10 倍，在施工过程中至少应为 20 倍。

1. 光缆敷设

（1）通过弱电井垂直敷设

在弱电井中敷设光缆有两种选择：向上牵引和向下垂放。

通常，向下垂放比向上牵引容易些，因此当准备好向下垂放敷设光缆时，应按以下步骤进行工作。

1）在离建筑顶层设备间的槽孔 1～1.5m 处安放光缆卷轴，使卷筒在转动时能控制光缆。将光缆卷轴安置于平台上，以便保持光缆与卷筒轴心是垂直的，放置卷轴时要使光缆的末端在其顶部，然后从卷轴顶部牵引光缆。

2) 转动光缆卷轴，并将光缆从其顶部牵出。牵引光缆时，要遵守不超过最小弯曲半径和最大张力的规定。

3) 引导光缆进入敷设好的电缆桥架中。

4) 慢慢地从光缆卷轴上牵引光缆，直到下一层的施工人员可以接到光缆并引入下一层。在每一层楼均重复以上步骤，当光缆达到最底层时，要使光缆松弛地盘在地上。在弱电间敷设光缆时，为了减少光缆上的负荷，应在一定的间隔（如 5.5m）点用缆带将光缆扣牢在墙壁上。用这种方法，光缆不需要中间支持，但要小心地捆扎光缆，不要弄断光纤。为了避免弄断光纤及产生附加的传输损耗，在捆扎光缆时不要碰破光缆外护套。固定光缆的步骤如下：

① 使用塑料扎带，由光缆的顶部开始，将干线光缆扣牢在电缆桥架上。

② 由上往下，在指定的间隔（5.5m）点安装扎带，直到干线光缆被牢固地扣好。

③ 检查光缆外套有无破损，盖上桥架的外盖。

（2）通过吊顶敷设

本系统中，敷设光纤从弱电井到配线间的这段路径，一般采用走吊顶（电缆桥架）敷设的方式。

1) 沿着所建议的光纤敷设路径打开吊顶。

2) 利用工具剥去一段光纤的外护套，由一端开始的 0.3m 处环切光缆的外护套，然后除去外护套。

3) 将光纤及加固芯切去并掩没在外护套中，只留下纱线。对要敷设的每条光缆重复此过程。

4) 将纱线与带子扭绞在一起。

5) 用电工胶带紧紧地将长 20cm 范围的光缆护套缠住。

6) 将纱线送到合适的夹子中去，直到被电工胶带缠绕的外护套全塞入夹子中为止。

7) 将带子绕在夹子和光缆上，将光缆牵引到所需的地方，并留下足够长的光缆供后续处理用。

2. 光纤端接的主要材料

1) 连接器件。

2) 套筒：黑色用于直径 3.0mm 的光纤；银色用于 2.4mm 的单光纤。

3) 缓冲层光纤缆支持器（引导）。

4) 带螺纹帽的扩展器。

5) 保护帽。

3. 组装标准光纤连接器的方法

（1）ST 型护套光纤安装

1) 打开材料袋，去除连接体和后罩壳。

2) 转动安装平台，使安装平台打开，用所提供的安装平台底座，把安装工具固定在一张工作台上。

3) 把光纤连接体插入安装平台插孔内，并释放拉簧朝上。把连接体的后壳罩向安装平台插孔内推。当前防护罩全部被推入安装平台插孔后，顺时针旋转连接体 1/4 圈，并缩紧在此位置上，将防护罩留在上面。

4) 在连接体的后罩壳上拧紧松紧套（捏住松紧套有助于插入光纤），将后壳罩带松紧套的细端先套在光纤上，挤压套管也沿着芯线方向向前滑动。

5）用剥线器从光纤末端剥去 40～50mm 的外护套，外护套必须剥得干净，端面成直角。

6）让纱线头离开缓冲层集中向后面，在外护套末端的缓冲层上做标记。

7）在裸露的缓冲层处捏住光纤，把离光纤末端 6mm 或 11mm 标记处的 900μm 缓冲层剥去。为了不损坏光纤，应从光纤上一小段一小段剥去缓冲层，握紧护套可以防止光纤移动。

8）用一块蘸有酒精的纸或布小心地擦洗裸露的光纤。

9）将纱线移向一边，把缓冲层压在光纤切割器上。用镊子取出废弃的光纤，并妥善地置于废物瓶中。

10）把切割后的光纤插入显微镜的边孔里，检查切割是否合格。把显微镜置于白色面板上，可以获得更清晰明亮的图像，还可用显微镜的底孔来检查连接体的末端套圈。

11）从连接体上取下后端防尘罩并扔掉。

12）检查缓冲层上的参考标记位置是否正确。把裸露的光纤小心地插入连接体内，直到感觉光纤碰到了连接体的底部为止，用固定夹子固定光纤。

13）按压安装平台的活塞，再慢慢地松开活塞。

14）把连接体向前推动，并逆时针旋转连接体 1/4 圈，以便从安装平台上取下连接体。把连接体放入打褶工具，并使之平直。用打褶工具的第一个刻槽，在缓冲层的缓冲褶皱区域用力打上褶皱。

15）重新把连接体插入安装平台插孔内并锁紧。把连接体逆时针旋转 1/8 圈，小心地剪去多余的纱线。

16）在纱线上滑动挤压套管，保证挤压套管紧贴在连接到连接体后端的扣环上。

17）松开芯线。使光纤平直，推后罩壳使之与前套结合。正确插入时能听到一声轻微的响声，此时可从安装平台上卸下连接体。

（2）SC 型护套光纤器安装

1）打开材料袋，取出连接体和后壳罩。

2）转动安装平台，使安装平台打开，用所提供的安装平台底座，把这些工具固定在一张工作台上。

3）把光纤连接体插入安装平台内，并释放拉簧朝上。把连接体的后壳罩向安装平台插孔推，当前防尘罩全部推入安装平台插孔后，顺时针旋转连接体 1/4 圈，并锁紧在此位置上，将防尘罩留在上面。

4）将松紧套套在光纤上，挤压套管也沿着芯线方向向前滑动。

5）用剥线器从光纤末端剥去 40～50mm 的外护套，外护套必须剥得干净，光纤端面成直角。

6）将纱线头集中拢向 900μm 缓冲光纤后面，在缓冲层上做第一个标记，如果光纤细于 2.4mm，在保护套末端做标记，否则在束线器上做标记；在缓冲层上做第二个标记，如果光纤细于 2.4mm，就在 6mm 和 17mm 处做标记，否则就在 4mm 和 15mm 处做标记。

7）在裸露的缓冲层处捏住光纤，把光纤末端到第一个标记处的 900μm 缓冲层剥去。为了不损坏光纤，应从光纤上一小段一小段剥去缓冲层，握紧护套可以防止光纤移动。

8）用一块沾有酒精的纸或布小心地擦洗裸露的光纤。

9）将纱线移向一边，把缓冲层压在光纤切割器上。从缓冲层末端切割出 7mm 光纤。用镊子取出废弃的光纤，并妥善地置于废物瓶中。

10）把切割后的光纤插入显微镜的边孔里，检查切割是否合格。把显微镜置于白色面板上,可以获得更清晰明亮的图像、 还可用显微镜的底孔来检查连接体的末端套圈。

11)从连接体上取下后端防尘罩并扔掉。

12)检查缓冲层上的参考标记位置是否正确。把裸露的光纤小心地插入连接体内,直到感觉光纤碰到了连接体的底部为止。

13)按压安装平台的活塞,再慢慢地松开活塞。

14)小心地从安装平台上取出连接体,以松开光纤,把打摺工具松开放置于多用工具突起处并使之平直,使打摺工具保持水平,并适当地拧紧(听到三声轻响)。把连接体装入打摺工具的第一个槽,多用工具突起指到打摺工具的柄,在缓冲层的缓冲褶皱区用力打上褶皱。

15)抓住处理工具轻轻拉动,使滑动部分露出约 8mm,取出处理工具并扔掉。

16)轻轻朝连接体方向拉动纱线,并使纱线排整齐,在纱线上滑动挤压套管,将纱线均匀地绕在连接体上,从安装平台上小心地取下连接体。

17)抓住主体的环,使主体滑入连接体的后部直到它到达连接体的档位。

4. 光纤熔接技术

光纤熔接就是利用高压放电,将光纤熔化相互连接,达到永久的连接效果,而此连接方法通常得依靠精密的熔接设备。一般光纤的熔点在 1000℃左右。这种连接方法一般用在长途接续、永久或半永久固定连接中。其主要特点是连接衰减在所有的连接方法中最低,一般为 $0.01 \sim 0.03 \text{dB}/$点。但连接时,需要专用设备(熔接机)和专业人员进行操作,而且连接点也需要专用容器保护起来。

(1)熔接所需工具与材料

熔接所需工具:熔接机、切割刀、剥线钳、凯弗拉(Kevlar)线剪刀、斜口剪、螺钉旋具、酒精棉等。

光纤熔接所需材料:接续盒、熔接尾纤、耦合器、热缩套管等。

(2)光纤熔接的方法

1)准备好相关工具。光纤熔接工作不仅需要专业的熔接工具,还需要很多普通的工具辅助完成这项任务,如剪刀、竖刀等,如图 4-37 所示。信息学院信息中心楼(第 2 号楼)通过光纤收容箱(如图 4-38 所示)来固定光纤,将户外接来的用黑色保护外皮包裹的光纤从收容箱的后方接口放入光纤收容箱中。在光纤收容箱中将光纤环绕并固定好,防止日常使用时松动。

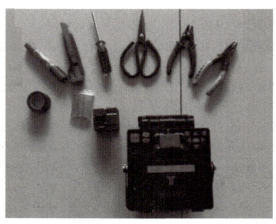

图 4-37 光纤熔接工具

图 4-38 光纤收容箱

2）去皮。首先将黑色光纤外表去皮，接着使用美工刀将光纤内的保护层去掉，如图 4-39 所示。要特别注意的是，由于光纤线芯是用玻璃丝制作的，很容易折断，折断就不能正常传输数据了。

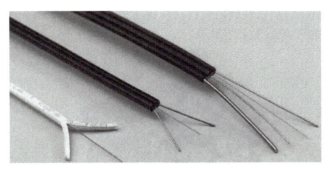

图 4-39 光纤剥去外皮后的形态

3）清洁工作。不管在去皮工作中多小心，也不能保证光纤芯没有一点污染，因此在熔接工作开始之前必须对光纤芯进行清洁。比较普遍的方法就是用纸巾蘸上酒精，然后擦拭每一根光纤，如图 4-40 所示。

图 4-40 清洁光纤芯

4）套接工作。清洁完毕后要给需要熔接的两根光纤各自套上光纤热缩套管，如图 4-41 所示，将不同束管、不同颜色的光纤分开，穿过热缩套管。剥去涂覆层的光纤很脆弱，使用热缩套管，可以保护光纤熔接头。

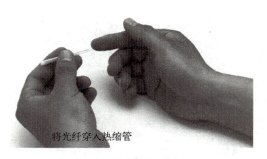

图 4-41　光纤热缩套管

5）熔接工作。打开熔接机电源，采用预置的各种相程序进行熔接，并在使用中和使用后及时去除熔接机中的灰尘。光纤分常规型单模光纤、多模光纤和色散位移单模光纤，所以熔接前要根据线路中使用的光纤来选择合适的熔接程序。如没有特殊情况，一般都选用自动熔接程序。光纤端面制作的好坏将直接影响接续质量，所以在熔接前一定要做好合格的光纤端面。用专用的剥线钳剥去涂覆层，再用蘸酒精的清洁棉在裸纤上擦拭几次，用力要适度，然后用精密光纤切割刀切割光纤，对 0.25mm（外涂层）光纤，切割长度为 8～16mm，对 0.9mm（外涂层）光纤，切割长度只能是 16mm。将光纤放在熔接机的 V 形槽中（如图 4-42 所示），小心压上光纤压板，要根据光纤切割长度确定光纤在压板中的位置，一般将光纤切割端面放置在距离电极尖端 1mm 位置为宜，最后关上防风罩。

图 4-42　光纤放入熔接机的 V 形槽中

然后，按 SET 按键开始熔接，如图 4-43 所示，可以从光纤熔接器的显示屏中看到两端玻璃丝的对接情况。如果对得不准，仪器会自动调节对正；也可以通过 X、Y 按键手动调节位置。等待几秒钟后就完成了光纤的熔接工作。

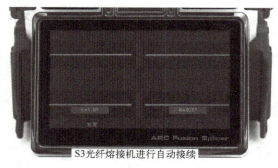

图 4-43　熔接

6）包装工作。熔接完的光纤玻璃丝还露在外面，很容易被折断。这时候就可以使用刚刚套上的光纤热缩套管进行固定。打开防风罩，把光纤从熔接机上取出，再将热缩套管放在裸纤中心，将套好光纤热缩套管的光纤放到加热器中按 HEAT 按键开始加热，如图 4-44 所示。过 10s 后就可以将光纤拿出来，至此完成了一个光纤线芯的熔接工作。

图 4-44　光纤包装

（3）影响光纤熔接损耗的主要因素

为能更好地掌握光纤熔接技术，还需要掌握影响光纤熔接损耗的主要因素。影响光纤熔接损耗的因素较多，大体可分为光纤本征因素和非本征因素两类。

1）光纤本征因素是指光纤自身因素，主要有：

① 光纤模场直径不一致。

② 两根光纤芯径失配。

③ 纤芯截面不圆。

④ 纤芯与包层同心度不佳。

其中，光纤模场直径不一致影响最大。

按照国际电报电话咨询委员会（CCITT）建议，单模光纤的容限标准如下：

① 模场直径：（9～10μm）±10%，即容限约±1μm。

② 包层直径：125±3μm。

③ 模场同心度误差≤6%，包层不圆度≤2%。

2）影响光纤熔接损耗的非本征因素（即接续技术）有：

① 轴心错位：单模光纤芯很细，两根对接光纤轴心错位会影响熔接损耗。当错位达 1.2μm 时，熔接损耗达 0.5dB。

② 轴心倾斜：当光纤断面倾斜 1°时，约产生 0.6dB 的熔接损耗，如果要求熔接损耗≤0.1dB，则光纤断面的倾角应为≤0.3°。

③ 端面分离：活动连接器的连接不好很容易产生端面分离，造成熔连损耗较大。当熔接机放电电压较低时，也容易产生端面分离，此情况一般在有拉力测试功能的熔接机中发生。

④ 端面质量不佳：光纤端面的平整度不佳时也会产生熔接损耗，甚至会产生气泡。

⑤ 接续点附近光纤物理变形：光缆在架设过程中的拉伸变形，或接续盒中夹固光缆压力太大等，都会对熔接损耗有影响，甚至熔接几次都不能改善。

3）其他因素的影响。接续人员操作水平、操作步骤、盘纤工艺水平、熔接机中电极清洁程度、熔接参数设置、工作环境清洁程度等均会影响到熔接损耗的值。

（4）降低光纤熔接损耗的措施

为了降低光纤熔接损耗，在施工过程中经常采用以下方法。

1）一条线路上尽量采用同一批次的优质名牌裸纤。对于同一批次的光纤，其模场直径基本相同，光纤在某点断开后，两端间的模场直径可视为一致，因而在此断开点熔接可使模场直径对光纤熔接损耗的影响降到最低程度。所以要求光缆生产厂家用同一批次的裸纤，按要求的光缆长度连续生产，在每盘上顺序编号并分清 A、B 端，不得跳号。敷设光缆时须按编号沿确定的路由顺序布放，并保证前一盘光缆的 B 端要和后一盘光缆的 A 端相连，从而保证接续时能在断开点熔接，并使熔接损耗值达到最小。

2）光缆架设按要求进行。在光缆敷设施工中，严禁光缆打小圈及弯折、扭曲，3km 的光缆要求 80 人以上施工，4km 必须 100 人以上施工，并配备 6～8 部对讲机。另外"前走后跟，光缆上肩"的放缆方法，能够有效地防止打背扣的发生。牵引力不超过光缆允许的 80%，瞬间最大牵引力不超过 100%，牵引力应加在光缆的加强件上。敷放光缆应严格按光缆施工要求，从而最大限度地降低光缆施工中光纤受损伤的概率，避免光纤芯受损伤导致的熔接损耗增大。

3）挑选经验丰富且训练有素的光纤接续人员进行接续。现在大多数情况下是熔接机自动熔接，但接续人员的水平直接影响熔接损耗的大小。接续人员应严格按照光纤熔接工艺流程图进行工作，并且在熔接过程中应一边熔接一边用 OTDR 测试熔接点的熔接损耗，不符合要求的应重新熔接。对熔接损耗值较大的点，反复熔接次数以 3～4 次为宜，多根光纤熔接损耗值都较大时，剪除一段光缆重新开始熔接。

4）光纤熔接应在整洁的环境中进行。严禁在多尘及潮湿的环境中露天操作，光纤接续部位及工具、材料应保持清洁，不得让光纤接头受潮，准备切割的光纤必须清洁，不得有污物。切割后的光纤不得在空气中暴露时间过长，尤其是在多尘、潮湿的环境中。

5）选用精度高的光纤端面切割器来制备光纤端面。光纤端面的好坏直接影响到熔接损耗大小，切割的光纤端面应为平整的镜面，无毛刺，无缺损。光纤端面的轴线倾角应小于 1°。高精度的光纤端面切割器不但提高光纤切割的成功率，也可以提高光纤端面的质量。这对 OTDR 测试不着的熔接点（即 OTDR 测试盲点）和光纤维护及抢修尤为重要。

6）熔接机的正确使用。熔接机的功能就是把两根光纤熔接到一起，所以正确使用熔接机也是降低光纤熔接损耗的重要措施。根据光纤类型合理地设置熔接参数、预放电电流、预放电时间及主放电电流、主放电时间等，并且在使用中和使用后及时去除熔接机中的灰尘，特别是夹具、各镜面和 V 形槽内的粉尘和光纤碎末的去除。每次使用前应使熔接机在熔接环境中放置至少 15min，特别是在放置环境与使用环境差别较大的地方（如冬天的室内与室外），根据当时的气压、温度、湿度等环境情况，重新设置熔接机的放电电压及放电位置，以及使 V 形槽驱动器复位等调整。

4.9.6　设备间施工

1. 接插式配线架的端接

1）第 1 个 110 型配线架上要端接的 24 条线牵拉到位，每个配线槽中放 6 条双绞线。左边的线缆端接在配线架的左半部分，右边的线缆端接在配线架的右半部分。

2）在配线板的内边缘处将松弛的线缆捆起来，保证单条线缆不会滑出配线板槽，避免线缆束的松弛和不整齐。

3）在配线板边缘处的每条线缆上标记一个新线的位置。这有利于下一步在配线板的边缘处准确地剥去线缆的外皮。

4）拆开线缆束并握紧，在每条线缆的标记处刻痕，然后将刻好痕的线缆束放回去，为盖上110型配线板做准备。

5）当4个线缆束全都刻好痕并放回原处后，用螺钉安装110型配线架，并开始进行端接（从第一条线缆开始）。

6）在距离刻痕处最少15cm处切割线缆，并将有刻痕的外皮划掉。

7）沿着110型配线架的边缘将4对导线拉进前面的线槽中。

8）拉紧并弯曲每一线对使其进入索引条的位置，用索引条上的高齿将一对导线分开，在索引条最终弯曲处提供适当的压力使线对的变形最小。

9）当上面两个索引条的线对安放好，并使其就位及切割后，再进行下面两个索引条的线对安置。在所有4个索引条都就位后，再安装110型连接模块。

2．标识管理

标识管理是管理子系统综合布线的一个重要组成部分。完整的标识应提供以下的信息：建筑物的名称、位置、区号和起始点。综合布线使用了3种标识：电缆标识、场标识和插入标识，其中插入标识最常用。这些标识是硬纸片，通常由安装人员在需要时取下来使用。

（1）电缆标识

电缆标识由背面有不干胶的白色材料制成，可以直接贴到各种电缆表面。其中尺寸和形状根据需要而定，在交连场安装和做标识之前利用这些电缆标识来辨别电缆的源发地和目的地。

（2）场标识

场标识也是由背面为不干胶的材料制成的，可贴在设备间、配线间、二级交接间、中继线/辅助和建筑物布线场的平整表面上。

（3）插入标识

它是硬纸片，可插在1.27cm×20.32cm的透明塑料夹里，这些塑料夹位于110型连接模块上的两个水平齿条之间。每个标识都用色标来指明电缆的源发地，这些电缆端接于设备间和配线间的管理场。

插入标识所用的底色及其含义如下。

1）设备间。

① 蓝色：从设备间到工作区的信息插座（IO）实现连接。

② 白色：干线电缆和建筑群电缆。

③ 灰色：端接与连接干线到计算机房或其他设备间的电缆。

④ 绿色：来自电信局的输入中继线。

⑤ 紫色：来自PBX或数据交换机之类的公用系统设备连线。

⑥ 黄色：来交换机和其他各种引出线。

⑦ 橙色：多路复用输入。

⑧ 红色：关键电话系统。

⑨ 棕色：建筑群干线电缆。

2）主接线间。

① 白色：来自设备间的干线电缆端接点。

② 蓝色：到配线接线间I/O服务的工作区线路。

③ 灰色：到远程通信（卫星）接线间各区的连接电缆。
④ 橙色：来自卫星接线间各区的连接电缆。
⑤ 紫色：来自系统公用设备的线路。

4.10 素养培育

2000 年，中国从俄罗斯进口 6 架飞机，刚刚试飞不久就坏了 4 架。可俄罗斯专家怎么也修不好，这时角落的一名士兵突然站起来说："让我试试！"

这位说话的士兵是陆军第 13 集团军某陆航旅一级军士长、我军的传奇"兵王"芮银超。他是空军中著名的特设师，也就是特种设备工程师，他有一个特别高超的本领——修飞机。

芮银超对飞机各个零部件开始细致地检查起来。半个小时过后，他爬下飞机，对在场的所有人说道："液压舵机有问题！"俄罗斯专家听到后并不认同这样的说法，他们不认为这名年轻的中国士兵能够在这么短的时间内就断定是液压舵机出现了问题。但是由于我方的坚持，俄罗斯的专家还是同意了对其中一架飞机进行换件验证。

这架飞机更换液压舵机后重新飞上天，实际情况表明其恢复正常。于是另外三架飞机的液压舵机陆续被更换，结果是这三架飞机也恢复正常。俄罗斯专家佩服地说："芮，你的技术水平在国际上也是一流的！"

然而，在 2005 年芮银超不得不面对退伍的问题。当时部队的士官制度还未修改，一名士兵最多能在部队服役 15 年。芮银超服从了安排，但他还要把自己的经验和心血留给部队，他将自己积累的 30 多本近 45 万字的工作笔记——整理好交给上级。

这时候，各地的航空公司开始争相邀请这位即将退役的"兵王"，一家公司甚至开出了 40 万年薪，并且配车配房。可这么优秀的人才，部队也是万分不舍，为此相关部门也专门召开专题会，研讨这类特殊高技能人才如何继续留在部队。随后，航空部队特设专业便开始有了高级军士长。2009 年，新的士官制度推行，上士之后又有了三、二、一级军士长，每级年限依然是 5 年。就这样，芮银超在特设师服役了足足 30 年，排除了 800 多个安全隐患，保障了 2000 多次飞行任务的安全。

当芮银超升级成为特设师一级军士长时，家乡的父老乡亲都无比自豪，因为拥有一级军士长级别的中国军人还很稀少。

4.11 习题与思考

4.11.1 填空题

1．布线施工过程中应注意_____、_____、_____、_____、_____、_____等问题。

2．线缆检查包括_____、_____、_____等事项。

4.11.2 思考题

1. 综合布线施工前要做哪些准备工作?
2. 简述 TIA/EIA 568B 标准跳线的制作步骤。
3. 简述信息插座端接的步骤。
4. 简述设备间施工的要点。

模块 5　布线系统测试与验收

 学习目标

【知识目标】

- ◆ 熟悉常用测试仪的基本使用方法。
- ◆ 掌握双绞线网络的测试方法及技巧。
- ◆ 掌握光纤网络的测试方法及技巧。
- ◆ 了解网络综合布线系统工程验收的相关技术规范。
- ◆ 掌握网络综合布线系统工程验收的内容及方法。

【能力目标】

- ◆ 能够完成基本的布线测试操作。
- ◆ 能够完成网络综合布线系统工程的验收。

【竞赛目标】

对标赛项测量测试要求，能够使用 Fluke DSX 8000 完成测量、测试任务。

【素养目标】

敬业是最基本的职业道德要求，只有敬业才会让人更加出类拔萃。

5.1　任务 1　综合布线系统测试

5.1.1　任务引入

施工结束后，需要完成的任务就是施工项目的测试。实践统计分析表明，网络系统发生故障时，约 70%是布线工程的质量问题，要保障工程质量，必须进行科学合理的设计、材料的优选和高水平施工，只有保证了这 3 个环节的质量，才能实现优质的工程质量。工程质量到底是否达到了设计要求，必须通过测试检验，施工项目的测试是评价工程质量好坏的唯一标准。因此，必须合理、适时地进行施工项目测试来确保工程质量。在信息学院信息中心楼（第 2 号楼）的工程中，主要包括以下测试任务：

1）双绞线网络的测试。
2）光纤网络的测试。

5.1.2 任务分析

施工项目测试的主要内容是检查工程施工是否达到了工程设计的预期目标，网络线路的传输能力是否符合标准。目前，国内的很多网络综合布线系统工程中，特别是一些小型工程中，施工方经常会利用用户专业知识的缺乏降低施工项目测试的标准，以达到降低工程成本的目的，具体做法是"以通代好"。实际上，"通"并不意味着"好"，并不意味着施工达到了预期的目的。只有通过专业的测试设备和检测方法得到合格的专业测试数据才能说项目合格了。在信息学院信息中心楼（第 2 号楼）的工程测试中，工程测试使用"能手"测试仪进行了初步的链路通畅测试，而在工程验收阶段就要使用专业测试设备对所有线路进行数据传输能力的精确测试。因此为了能更好地进行施工测试，了解一些相关知识是十分必要的。

5.2 知识链接——综合布线系统测试

在网络综合布线系统工程实施过程中，影响工程质量的因素有很多，所以必须经过测试才能获知结果。测试工作是系统验收的重要依据，它也是布线系统很重要的一个环节。

5.2.1 综合布线系统测试分类

1. 验证测试

验证测试又叫随工测试，即边施工边测试，主要检测线缆的质量和安装工艺，及时发现并纠正问题，避免整个工程完工时才测试发现问题，重新返工，耗费不必要的人、财、物。验证测试不需要使用复杂的测试仪，只需要能测试接线通断和线缆长度的测试仪。在工程竣工检查中，短路、反接、线对交叉、链路超长等问题约占整个工程质量问题的 80%，这些问题在施工初期通过重新端接、调换线缆、修正布线路由等措施比较容易解决。若等到完工验收阶段再发现这些问题，解决起来就比较困难。

2. 认证测试

认证测试又叫验收测试，是所有测试工作中最重要的环节。通常在工程验收时，对布线系统的安装、电气特性、传输性能、工程设计、选材以及施工质量全面检验。认证测试通常分为自我认证和第三方认证两种测试类型。

（1）自我认证测试

认证测试由施工方自行组织，按照设计施工方案对工程所有链路进行测试，确保每一条链路都符合标准要求。如果发现未达标准的链路，应进行整改，直至复测合格。同时编制确切的测试技术档案，写出测试报告，交建设方存档。测试记录应当做到准确、完整、规范，便于查阅。由施工方组织的认证测试，可邀请设计、施工监理多方参与，建设单位也应派遣网管人员参加这项测试工作，以便了解整个测试过程，方便日后管理与维护系统。

认证测试是设计、施工方对所承担的工程进行的一个总结性质量检验，施工单位承担认证测试工作的人员应当经过测试仪表供应商的技术培训并获得认证资格。如使用 Fluke DSX-8000 系列测试仪，必须获得 Fluke 布线测试认证工程师"CCTT"（Certified Cabling Test

Technician）资格认证。

（2）第三方认证测试

布线系统是网络系统的基础性工程，工程质量将直接影响建设方网络能否按设计要求顺利开通运行，能否保障网络系统数据正常传输。随着支持吉比特以太网的超 5 类、超 6 类及 7 类综合布线系统的推广应用和光纤在综合布线系统中的大量应用，工程施工的工艺要求越来越高。

越来越多的建设方，既要求布线施工方提供布线系统的自我认证测试，同时也委托第三方对系统进行验收测试，以确保布线施工的质量，这是综合布线验收质量管理的规范。

第三方认证测试目前采用以下两种做法。

1）对工程要求高、使用器材类别多、投资较大的工程，建设方除要求施工方做自我认证测试外，还邀请第三方对工程做全面验收测试。

2）建设方在要求施工方做自我认证测试的同时，请第三方对综合布线系统链路做抽样测试。按工程大小确定抽样样本数量，一般 1000 信息点以上的抽样 30%，1000 信息点以下的抽样 50%。

衡量、评价综合网络布线系统工程的质量优劣，唯一科学、有效的途径就是进行全面现场测试。

5.2.2 认证测试标准

布线系统的测试与布线系统的标准紧密相关。近几年来，布线系统标准发展很快，主要是由于有像千兆以太网这样的应用需求在推动着布线系统性能的提高，导致对新布线系统标准的要求加快。布线系统的测试标准随着计算机网络技术的发展而不断变化。先后使用过的标准有：ANSI/TIA/EIA TSB-67 现场测试标准、ANSI/TIA/EIA TSB-95 现场测试标准、ANSI/TIA/EIA 568-A-5-20005e 类缆线的千兆位网络测试标准、GB/T 50312—2016《综合布线系统工程验收规范》等。

2001 年 3 月通过的 ANSI/TIA/EIA 568B 标准，集合了 ANSI/TIA/EIA 568A、TSB-67、TSB-95 等标准的内容，现已成为新的布线测试标准。该标准对布线系统测试的连接方式也进行了重新定义，放弃了原测试标准中的基本链路方式。对于不同的网络类型和网络电缆，其技术标准和所要求的测试参数是不一样的。2002 年 6 月，ANSI/TIA/EIA 568B．2-1-2002 铜缆双绞线 6 类线标准正式出台。6 类布线系统的测试标准，与 5 类布线系统相比在许多方面都有较大的超越，提出了更为严格、全面的测试指标体系。

5.2.3 测试链路模型

对综合布线系统进行测试之前，首先需要确定被测链路的测试模型。所谓电缆链路是指一个电缆的连接，包括电缆、插头、插座，甚至还包括配线架、耦合器等。

对于传统的测试来说，基本链路（Basic Link）和信道链路（Channel Link）是布线系统测试链路的两个模型。推出 5e 类以后，由于基本链路模型存在一些缺陷，已经被废弃。按照 ANSI/TIA/EIA 568B．2-1-2002 标准，网络综合布线系统测试链路模型目前有永久链路和信道链路两种模型。

1．永久链路模型

在 ANSI/TIA/EIA 568A 标准中，所定义的链路测试模型为基本链路，基本链路最大长度是 94m，其中包含了两根共 4m 长的测试跳线，这两根跳线由测试设备提供。在测试过程中，链路两端连接测试仪和被测链路的测试仪接线不可能不对测试结果产生影响（主要影响是近端串扰与回波损耗），并且包含在总测试结果之中。所以，当两根测试跳线出现问题之后（如不正确的摆放和损坏），其结果会直接影响测试结果。

永久链路是由 ISO/IEC 11801 和 EN 50173 标准定义的链路模型，测试模型的连接模式。永久链路是指建筑物中的固定布线部分，即从交接间配线架到用户端的墙上信息引线端（TO）的连线（不含两端的设备连线），最大长度为 90m。

2．信道链路模型

信道链路包括从网卡到局域网交换器之间的所有设备。信道测试模型包括从用户网络设备到配线间所有的组件，这种测试模型反映了用户实际使用的布线系统的性能。它包括系统集成商安装的"永久链路"，还包括两端的跳线，能够比较客观地反映出用户实际应用时完整链路的性能，信道测试采用原装的跳线，测试时整个系统可以达到最好的性能匹配。

5.2.4 常用测试参数

由于现在常用的专业测试仪器界面多为英文版，因此有必要对常用的一些测试参数有所了解，以下列举了一些常用的测试参数。

1．衰减串扰比（ACR）

衰减串扰比是衰减与串扰的比值。性能好的电缆相对应的衰减串扰比值（用分贝表示）也更大，其结果表明近端串扰值远大于衰减值。

2．阻抗异常（Anomaly）

在网络电缆中，若某处的电缆阻抗发生了突变，便会在此处出现阻抗异常。

3．衰减（Attenuation）

衰减指信号强度的减弱程度，通常用分贝表示。

4．通道连接（Channel）

通道连接是一种网络连接，包括：一条与水平跨接相接的连接电缆；在跨接上有两个接点；一条长达 90m 的水平电缆；在通信插座旁边有一个传输连接器；一个通信插座。相对于基本连接而言，通道连接的电缆测试极限要宽松一些，因为通道连接的电缆测试极限允许在水平跨接处有两个接点，而且在通信插座旁有一个附加的连接器。

5．错对（CrossedPair）

错对是双绞电缆中的一种接线错误。当电缆一端的一对接线错接到电缆另一端不同线对上时，就发生了错对。

6．串扰（Crosstalk）

串扰是相邻的电缆对间不需要的传输信号。当电子信号通过相邻的电缆对进行信号传输时，产生了电磁场，从而引起串扰。

7. 分贝（dB）

dB 是分贝（decibel）的缩写，用对数来表示，它表达了信号强度的增减。

8. 阻抗（Impedance）

阻抗是交流信号的阻力，它是由电容和电感引起。与电阻不同的是，阻抗是随所施加的交流信号的频率变化而变化。

9. 阻抗的不连续性（Impedance Discontinuity）

当电缆的特性阻抗发生突变时，就出现了阻抗的不连续性。阻抗的不连续性可能是由接线不良、电缆型号的不匹配，以及双绞电缆中有扭开部分等引起。阻抗的不连续性又称阻抗异常。

10. 电感（Inductance）

电感是设备具有的阻止电流变化的属性，它是电缆中不需要的特性，因为它会引起信号衰减。

11. 近端串扰（NEXT）

当向一对电缆发送的信号被另一对电缆作为串扰接收时，就产生了耦合。近端串扰是耦合减少的大小（用分贝表示）。近端串扰的值越大，相应的电缆性能就越好。

12. 近端串扰总和（Power Sum NEXT，PSNEXT）

近端串扰总和表示一对电缆从其他电缆对收到的综合串扰。

13. 回波损耗（Return Loss，RL）

在电缆中，回波损耗是由于信号反射而引起的信号强度损耗。电缆的回波损耗值表明：在一定频率范围内，电缆的特性阻抗与标称阻抗相匹配的程度。

14. 反接（Reversed Pair）

反接是双绞电缆中的一种接线错误。当某个电缆端连接器间电缆对的线芯反接时，就发生了反接。

15. 分对（Split Pair）

分对是双绞电缆中的一种接线错误，当一个电缆对中的一条线缆与另一个不同电缆对中的线缆相互绞接时，就发生了分对。虽然芯与芯的连接是正确的，但因电缆线周围电磁场无法彻底消除，所以绞接的电缆对会引起过量的分对。

16. 时域反射（Time Domain Reflectometry，TDR）

时域反射是用来寻找电缆故障、测量电缆长度，以及特性阻抗的一种技术。向电缆发射的测试脉冲，将会被阻抗断点（如短路或开路）反射回来。根据测试脉冲与反射脉冲间的持续时间和对反射脉冲形状的分析，可以确定电缆的特性阻抗。

17. 时域串扰（TDX）

时域串扰分析可以找出电缆中近端串扰源的位置。这项测量技术是 Fluke 公司的专利。

18. 终端负载（Terminator）

终端负载是与同轴电缆的端点相连接的电阻，它是用来与电缆的特性阻抗相匹配的，从而消除电缆中的信号反射。

5.3 任务实施——工程系统测试

为了能够顺利实施信息学院信息中心楼（第 2 号楼）的网络综合布线系统工程的测试任务，首先要了解常见的几种网络测试设备的用途、类型及应用领域；其次要能够掌握专业测试设备的各种重要相关参数；最后要能够使用相关设备进行网络性能测试，并能准确地给出测试的数据。

5.3.1 常用的网络测试仪器

1．"能手"测试仪

这是最常见的一种低端测试仪器，如图 5-1 所示。这种测试仪的功能相对简单，通常只用于测试网络的通断情况，可以完成双绞线和同轴电缆的测试。

2．Fluke DSX-8000 测试仪

Fluke DSX-8000 测试仪是手持式的仪器，如图 5-2 所示，它可用来对安装的双绞线线缆及光纤线缆进行认证、测试以及故障诊断。此款测试仪具有以下特点。

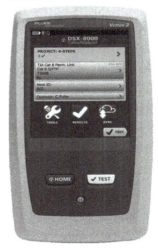

图 5-1　"能手"测试仪　　　　　　图 5-2　Fluke DSX -8000 测试仪

1）使用 DSX CableAnalyzer 模块认证双绞线布线。

2）使用 CertiFiber Pro 光纤损耗测试工具包（Optical Loss Test Set，OLTS）模块测量双光纤、多模和单模布线的光功率损耗和长度。

3）使用 OptiFiber Pro OTDR 模块定位、识别和测量多模和单模光纤上的反射与损耗事件。

4）用 OptiFiber Pro HDR 模块测试带有光分路器的外线设备（OSP）装置。

5）可选 FI-1000、FI-3000 或 FI-3000-NW FiberInspector Pro 视频探头连接到主端设备上的 A 型 USB 端口，以检查光纤接头的端面。

6）根据指定的测试限制提供"通过"或"失败"结果。

7）通过 Taptive 用户界面，可以在不同结果视图之间快速导航，并了解电缆的更多信息。

8）通过 ProjX 管理系统可设置项目，以指定测试类型和作业所需的电缆 ID 并监控作业的进度和状态。

9）可以将测试仪连接至有线或 Wi-Fi 网络，然后通过桌面或移动设备使用 LinkWare Live Web 应用程序管理项目。

10）LinkWare PC 软件便于将测试结果上传至 PC 端，并可创建测试报告。

11）LinkWare Stats 软件可创建便于查阅的电缆测试统计数据图形报告。

5.3.2 双绞线网络测试

双绞线网络在完成线缆敷设后，必须进行网络连接测试以保证所建网络能达到设计要求。规范的网络连接测试必须是建立在专业测试设备的测试结果之上的，双绞线网络也不例外，因此这一部分工作主要是使用测试设备对双绞线网络进行测试。下面就以目前市场常用的两种典型双绞线测试设备的使用为核心介绍双绞线网络的测试。

1. 使用"能手"测试仪进行双绞线网络测试

"能手"测试仪在进行双绞线网络测试时只能进行线路连通性测试，而不能反映出实际网络的传输能力。但是目前布线市场上使用这种设备进行网络测试的案例还是存在的，下面简单介绍"能手"测试仪的使用方法。

将网线两端的水晶头分别插入主测试仪和远程测试端的 RJ-45 端口，将开关开至"ON"，主机指示灯从 1 至 8 逐个顺序闪亮。

若连接不正常，按下述情况显示。

1）当有一根导线断路，主测试仪和远程测试端对应线号的灯都不亮。

2）当有几条导线断路，相对应的几条线都不亮，当导线少于 2 根连通时，灯都不亮。

3）当两端网线乱序，与主测试仪端连通的远程测试端的线号亮。

4）当导线有 2 根短路时，主测试器显示不变，而远程测试端显示短路的两根线灯都亮。当有 3 根以上（含 3 根）导线短路时，短路的几条导线对应的灯都不亮。

2. 使用专业测试仪 Fluke DSX-8000 进行双绞线网络测试

双绞线布线测试工具很多，以 Fluke DSX-8000 测试仪为例进行介绍。

（1）Fluke DSX-8000 测试仪操作界面

Fluke DSX-8000 是专业的网络测试仪，由主测试仪和远端测试仪组成。能完成模块化的铜缆认证、光纤损耗认证、光时域反射仪（OTDR）测试以及光纤端面检查；可实现 CAT5E、CAT6、CAT6A、CAT8、FA 和 Ⅰ/Ⅱ级布线的快速测试；能管理从项目设定到系统验收的整个作业流程；以图形方式显示故障源，包括串扰、回波损耗和屏蔽层的故障；测试结果使用管理软件创建专业的测试报告，具体操作界面介绍如下。

1）主测试仪及其功能部件如图 5-3 所示，它们依次是：
① 链路接口适配器接头。
② DSX-8000 模块上有一个凹口，用于适配 CAT8 和 Ⅰ/Ⅱ 类适配器上的翼片。
③ 进行外部串扰测量时，主测试仪与远端测试仪之间的通信使用 RJ-45 插头。
④ 带触摸屏的 LCD 显示屏。
⑤ TEST 按键。按下开始测试。要开始测试，还可以在显示屏上轻触"测试"。
⑥ 电源键。Versiv2 按钮中的 LED 灯显示电池充电的状态。
⑦ HOME 按键。按下 HOME 按键可转到主界面。
⑧ 交流适配器的接头。Versiv 电池充电时，亮红灯；电池完全充满时，亮绿灯。电池不充电时，亮黄灯。
⑨ RJ-45 接头。可用于连接网络，以访问 Fluke Networks 云服务。
⑩ Micro USB 端口。通过此 USB 端口可将测试仪连接到 PC 端，以便将测试结果上传到 PC 端以及在测试仪中安装软件更新。
⑪ A 型 USB 主机端口。通过此 USB 主机端口可将测试结果存储在 USB 闪存上，然后将 FiberInspector Pro 视频探头连接到测试仪上。在 Versiv 主测试仪上，此端口允许连接 Wi-Fi 适配器以访问 Fluke Networks 云服务的 LinkWare Live。
⑫ 耳机插孔。

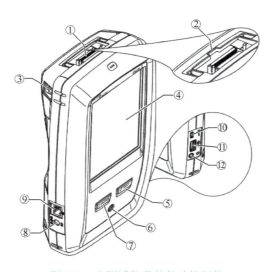

图 5-3　主测试仪及其各功能部件

2）远端测试仪及其功能部件如图 5-4 所示，它们依次是：
① 链路接口适配器接头。
② DSX-8000 模块上有一个凹口，用于适配 CAT8 和 Ⅰ/Ⅱ 类适配器上的翼片。
③ 进行外部串扰测量时，主测试仪与远端测试仪之间通信使用 RJ-45 插头。
④ 测试通过时通过 LED 灯亮起；测试进行时测试 LED 灯亮起；测试失败时失败 LED 灯亮起；通话功能启用时，通话 LED 灯亮起。LED 灯将一直闪烁，直到主测试仪接受通话请求。

如果在主测试仪未连接远端设备时按下 TEST 按键，音频 LED 将闪烁，并且音频发生器将启动。电量不足时，表示电量不足 LED 灯亮起。

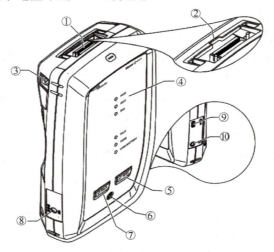

图 5-4　远端测试仪及其各功能部件

LED 灯还具有如下功能。
a. 电池量表。
b. 通话功能音量指示灯。
c. 软件更新进程指示灯。

⑤ TEST 按键。按下开始测试，如果主测试仪未连接到远端设备，打开音频发生器。

⑥ 电源键。Versiv2 按钮中的 LED 灯显示电池充电的状态。

⑦ TALK 按键。按下 TALK 按键用耳机与链路另一端的人员进行通话，再次按下以调节音量。要关闭通话功能，再一次按下 TALK 按键。

⑧ 交流适配器的接头。Versiv 电池充电时，亮红灯；电池完全充满时，亮绿灯。电池不充电时，亮黄灯。

⑨ Micro USB 端口。通过此 USB 端口可将测试仪连接到 PC 端，以便在测试仪中安装软件更新。

⑩ 耳机插孔。

3）链路接口适配器。链路接口适配器能将 Fluke DSX-8000 测试仪连接到不同类型的双绞线链路。图 5-5 显示了如何连接和拆卸链路接口适配器，图 5-6 显示如何防止永久链路适配器电缆损坏。

为防止损坏永久链路适配器上的电缆，并确保测试结果尽量准确，请勿扭、拉、捏、挤压或扭结电缆。

4）Fluke DSX-8000 测试仪主界面。Fluke DSX-8000 测试仪主界面如图 5-7 所示，显示重要测试设置。测试前，应确保这些设置正确。

① 项目。项目包含作业设置，可帮助操作人员监控作业状态。保存测试结果时，测试仪会同时将其存入项目中。轻触项目面板以编辑项目设置、选择不同的项目或建立新项目。

② 显示项目测试结果摘要。√表示通过的测试数；×表示失败的测试数；*表示整体出现边缘结果的测试数量。

图 5-5　连接和拆卸链路接口适配器　　图 5-6　如何防止永久链路适配器电缆损坏

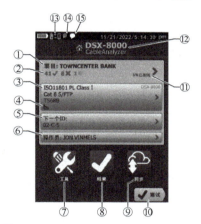

图 5-7　Fluke DSX-8000 测试仪主界面

③ 轻触"测试"或按下 TEST 按键时,测试设置面板会显示测试仪将使用的设置。要更改这些设置,请轻触面板。

④ 图标显示存储绘图数据的状态和 AC 布线图设置。详细内容见表 5-1。

⑤ 下一个 ID。显示测试仪为要保存的下一个测试结果提供的 ID。

⑥ 操作员。显示执行作业人员的姓名,最多可输入 20 个操作员姓名。每位操作员还可以输入电子邮件地址,操作员将使用此地址作为 ID 登录 LinkWare Live。

⑦ 工具。能够设置基准、查看测试仪状态,以及设置语言和显示亮度等用户首选项。

⑧ 结果。轻触"结果",以了解和管理保存在测试仪中的结果。

⑨ 同步。轻触"同步",将项目同步至 LinkWare Live。

⑩ 测试。轻触"测试"按钮,在测试设置面板中执行测试。

⑪ 已完成项目的百分比。用已保存结果所用的 ID 数量除以项目中已用 ID 和可用 ID 的总和所得出的数值(ID 数量包括铜缆和光缆的 ID 数量)。如果项目仅包含"下一个 ID"列表,则不会显示"××%已测试"。

⑫ 连接至主机设备的模块类型。

⑬ ▭▭ 图标。测试仪链路接口适配器连接到远端上的适配器且远端开启时，将显示此图标。

⑭ 🔧 图标。LinkWare Live 账户的所有者启用测试仪上的资产管理服务时，会显示此图标。

⑮ 💬 图标。通话功能启用时，将显示此图标，表示需要使用通话功能。

表 5-1 双绞线测试设置

设置	说明
模块选择	DSX-8000 CableAnalyzer
电缆类型	为将要测试的类型选择正确的电缆类型。要查看其他电缆类型组，轻触"更多"，然后轻触"一个组"。要创建自定义电缆类型，轻触电缆组中的"自定义"
NVP	额定传播速度。测试仪使用 NVP 和传播延迟来计算电缆的长度。 默认值由所选的电缆类型确定，是该电缆类型的典型 NVP。要输入不同的值，轻触 NVP 面板，然后轻触 NVP 界面上的△或▽图标，以增加或减小该值。 要查找电缆的实际值，将已知长度的电缆连接至测试仪，轻触 NVP 界面上的"测量"，然后更改 NVP，直到测量长度与已知长度匹配。应使用至少 30m（100ft）长的电缆。 增加 NVP 值时，计算长度增加
屏蔽测试	该设置仅在选择屏蔽线类型时显示。 开：布线图测试包括屏蔽连接性直流测试和屏蔽质量交流测试。如果屏蔽断开或对交流测试结果不满意，说明布线图测试失败。 关：如果屏蔽连续，布线图将显示屏蔽情况。测试仪不会进行屏蔽质量交流测试。如果屏蔽断开，布线图测试不会失败或显示屏蔽情况
测试限制	为测试作业选择正确的测试限制值。要查看其他限制组，轻触"更多"，然后轻触"组名"
存储绘图数据	关 📊：测试仪不保存频率-域测试或 HDTDR/HDTDX 分析仪的绘图数据。可在保存测试并退出结果界面前看到绘图。保存的结果在表中显示频率-域测量值，不包括 HDTDR/HDTDX 分析仪绘图数据 开：测试仪保存所选测试限制要求的所有频率-域测试的绘图数据和 HDTDR/HDTDX 分析仪的绘图数据
HDTDR/HDTDX	仅限失败/通过*：测试仪仅显示具有通过*、失败*或失败结果的 HDTDR 和 HDTDX 分析仪自动测试结果。 所有自动测试：测试仪显示 HDTDR 和 HDTDX 分析仪所有自动测试的结果。 从未：测试仪永不显示 HDTDR 或 HDTDX 分析仪结果。此设置还会禁用自动诊断功能，因此故障信息界面永不显示。 要获得 HDTDR/HDTDX 分析仪结果，也可轻触"工具"→"诊断"
双向	此设置仅在选择跳线测试限制时显示。主要由跳线制造商用于缩短自动测试时间。 开：测试仪进行双向测试。 关：测试仪仅进行单向测试，这可减少自动测试时间
插座配置	插座配置指定了要测试的线对以及布线图上为线对显示的线号（见图 5-10 和图 5-11）。 要查看配置的布线图，轻触插座配置，在插座配置界面上轻触"名称"，然后轻触"示例"。 要选择一个配置，在插座配置界面上轻触"名称"，然后轻触使用选定项。 注意：插座配置界面仅显示选定测试限制适用的配置。 要进行自定义插座配置，轻触插座配置界面上的"自定义"，轻触"管理"，然后轻触"创建"
AC 布线图	AC 布线图测试可通过中跨以太网供电（PoE）设备在已连接的链路上进行测试。 当 AC 布线图测试启用时，主界面上会显示～图标。 注意：不通过 PoE 设备进行测试时应始终关闭 AC 布线图测试。AC 布线图测试增加了自动测试的时间，还会禁用电阻和屏蔽连续性测试。DSX-8000 模块不支持 AC 布线地图测试

（2）双绞线网络测试

1）初始化。

① 充电开机：将主机、辅机分别用变压器充电，直至电池显示灯转为绿色。

② 设置语言：TOOLS→LANGUAGE→简体中文，语言设置界面如图 5-8 和图 5-9 所示。

图 5-8　Fluke DSX-8000 测试仪语言设置界面　　　　图 5-9　选择简体中文界面

③ 自校准：工具-设置参照。取 CAT6A/Class EA 永久链路适配器装在主机上，辅机装上 CAT6A/Class EA 通道适配器。将永久链路适配器末端插在 CAT6A/Class EA 通道适配器上；打开辅机电源，辅机自检后，PASS 灯亮后熄灭，显示辅机正常。打开主机电源，单击"工具"，显示设置参照、诊断、版本信息、电池状态、内存状态、语言、日期/时间等。单击"设置参照"→"测试"（或者按 TEST 按键）开始自校准，显示"已完成设置参照"说明自校准成功。图 5-10 显示的是 Fluke DSX-8000 测试仪自校准的"工具"界面，图 5-11 显示的是 Fluke DSX-8000 测试仪自校准的"设置参照"界面，图 5-12 是完成参照设置界面。

图 5-10　Fluke DSX-8000 测试仪自校准的"工具"界面

2）设置参数。单击"工具"，用手拖动选择要修改的参数，单击图标返回。图 5-13 所示为"电池状态"界面，图 5-14 所示为"日期/时间"界面，图 5-15 所示为"超时期限"界面。

图 5-11　Fluke DSX-8000 测试仪自校准的"设置参照"界面

图 5-12　完成参照设置界面

图 5-13　"电池状态"界面

图 5-14　"日期/时间"界面

图 5-15　"超时期限"界面

① 新机第一次使用需要设置参数,以后就不需要更改了。
② 电池状态:显示电量。
③ 时间:输入现在的日期/时间格式。
④ 长度:选择 M 或者 FT(通常国内为 M)。

⑤ 超时期限：选择背光时间和电源关闭时间。
⑥ 可听见的音频：打开就可以听见声音，关闭则无声音。
⑦ 电源频率：可以选择 50Hz 或 60Hz。
⑧ 显示屏：设置显示屏亮度。

3）测试。

① 根据需求确定测试标准和电缆类型：通道测试还是永久链路测试？是 CAT5E、CAT6 或其他？

② 关机后将测试标准对应的适配器安装在主机、辅机上，如选择"TIA Cat6 Channel"通道测试标准时，主机安装"DSX-CHA004"通道适配器；如选择"TIA Cat6 PERM.LINK"永久链路测试标准，主/辅机各安装一个"DSX-PLA004S"永久链路适配器。

③ 新建一个测试项目；单击项目，出现项目栏目，单击 新测试 出现测试设置，单击"电缆类型"。图 5-16 所示为 Fluke DSX-8000 测试仪的测试设置界面，图 5-17 所示为 Fluke DSX-8000 测试仪的测试界面，图 5-18 所示为 Fluke DSX-8000 测试仪的测试结果界面。

图 5-16　Fluke DSX-8000 测试仪的测试设置界面

图 5-17　Fluke DSX-8000 测试仪的测试界面

图 5-18　Fluke DSX-8000 测试仪的测试结果界面

④ 选择电缆类型：单击"电缆类型"，出现上次使用的电缆类型，如果没有自己想要测试的电缆类型，可以选择更多，出现电缆组，一般情况下选择"通用"，然后选择对应的电缆类型，如图 5-19 和图 5-20 所示。

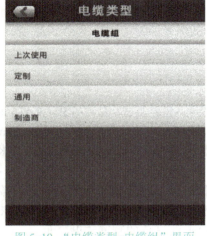
图 5-19 "电缆类型-电缆组"界面

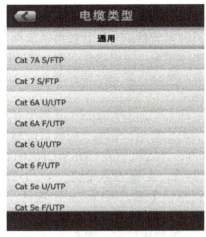
图 5-20 "电缆类型-通用"界面

⑤ 选择测试标准：单击"测试极限值"，选择需要测试的标准，然后保存，保存此次测试设置的标准及电缆类型。"测试极限值"及"测试设置"界面如图 5-21～图 5-23 所示。

图 5-21 "测试极限值-权限值组"界面

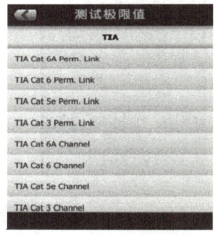
图 5-22 "测试极限值-TIA"界面

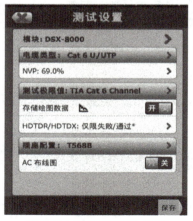
图 5-23 "测试设置"界面

选择测试标准及电缆类型的界面如图 5-24、图 5-25 和图 5-26 所示。

模块 5　布线系统测试与验收

图 5-24　选择测试标准界面　　　　图 5-25　选择电缆类型界面

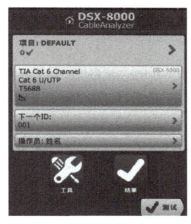

图 5-26　选择的测试标准及电缆

⑥ 单击"测试"开始测试，数秒后出现布线图测试结果，单击"性能"选项卡出现性能测试结果，如图 5-27、图 5-28 和图 5-29 所示。

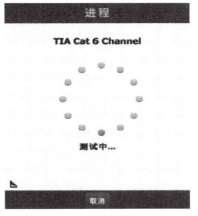

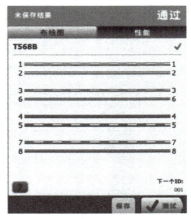

图 5-27　测试界面　　　　　　　　图 5-28　布线图测试结果

4）保存和查看测试结果。

① 单击"保存"，保存刚才测试的内容，然后编辑电缆的 ID 号。再单击"保存"保存测试

结果，如图 5-30 所示。

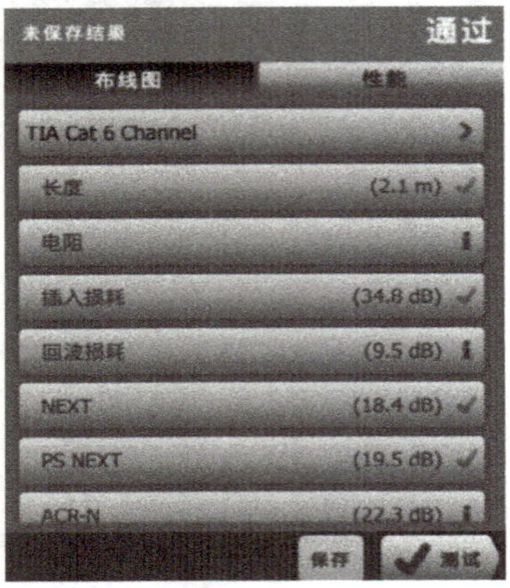

图 5-29 性能测试结果

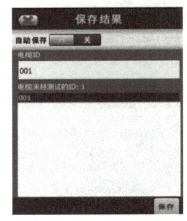

图 5-30 保存测试结果

② 如果要查看结果，可以单击相应的参数。

5）报告样板。

测试结果以 PDF 文档形式导出，形成正规报告，测试结果报告样板如图 5-31 所示。

LINKWARE™PC
CABLE TEST MANAGEMENT SOFTWARE

Cable ID: A212-04-S1 **Test Summary: PASS**

Headroom 9.4 dB (NEXT 12-36)
Test Limit: TIA Cat 6 Channel
Cable Type: Cat 5e U/UTP
NVP: 69.0%

Operator: Your Name
Software Version: 2.7800
Limits Version: 1.9500
Calibration Date:
Main (Tester): 02/08/2017
Remote (Tester): 02/08/2017

Model: DTX-1800
Main S/N: 3192025
Remote S/N: 3192026
Main Adapter: DTX-CHA002
Remote Adapter: DTX-CHA002

Length (ft), Limit 328	[Pair 36]	243
Prop. Delay (ns), Limit 555	[Pair 12]	377
Delay Skew (ns), Limit 50	[Pair 12]	19
Resistance (ohms)	[Pair 12]	11.7
Insertion Loss Margin (dB)	[Pair 12]	11.3
Frequency (MHz)	[Pair 12]	250.0
Limit (dB)	[Pair 12]	35.9

	Worst Case Margin		Worst Case Value	
PASS	MAIN	SR	MAIN	SR
Worst Pair	36-78	12-36	36-78	12-36
NEXT (dB)	10.5	9.4	10.5	9.4
Freq. (MHz)	234.0	100.5	234.0	100.5
Limit (dB)	33.6	39.9	33.6	39.9
Worst Pair	45	12	78	12
PS NEXT (dB)	12.1	12.0	12.7	12.0
Freq. (MHz)	61.0	100.5	249.5	100.5
Limit (dB)	40.8	37.0	30.2	37.0
PASS	MAIN	SR	MAIN	SR
Worst Pair	36-45	45-36	45-36	36-45
ACR-F (dB)	12.3	12.7	13.5	13.0
Freq. (MHz)	187.0	187.5	240.0	239.5
Limit (dB)	17.8	17.8	15.7	15.7
Worst Pair	45	45	36	45
PS ACR-F (dB)	14.0	14.1	15.3	14.1
Freq. (MHz)	187.0	239.0	240.0	239.0
Limit (dB)	14.8	12.7	12.7	12.7
N/A	MAIN	SR	MAIN	SR
Worst Pair	36-45	12-36	36-78	36-78
ACR-N (dB)	13.4	16.5	22.9	30.9
Freq. (MHz)	4.1	100.5	249.5	247.0
Limit (dB)	58.7	18.5	-2.8	-2.5
Worst Pair	36	12	78	36
PS ACR-N (dB)	14.1	18.3	24.6	32.7
Freq. (MHz)	2.8	100.5	249.5	247.0
Limit (dB)	58.6	15.7	-5.7	-5.4
PASS	MAIN	SR	MAIN	SR
Worst Pair	78	36	78	36
RL (dB)	6.3	2.6	6.3	2.6
Freq. (MHz)	240.5	110.0	240.5	110.0
Limit (dB)	8.2	11.6	8.2	11.6

Compliant Network Standards:
10BASE-T 100BASE-TX 100BASE-T4
1000BASE-T ATM-25 ATM-51
ATM-155 100VG-AnyLan TR-4
TR-16 Active TR-16 Passive

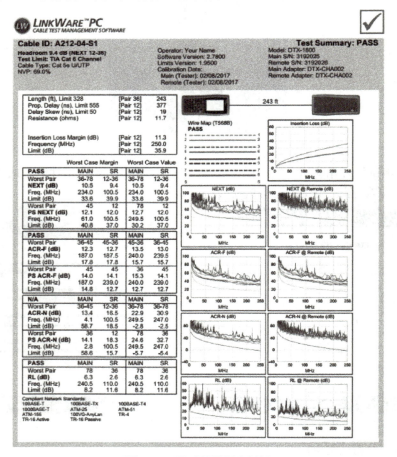

图 5-31 测试结果报告样板

5.3.3 光纤网络测试

与双绞线网络相同，光纤网络的测试也可以用 Fluke DSX-8000 测试仪来完成。

1. 测试设置

在 Fluke DSX-8000 测试仪主界面上，打开光纤测试设置界面，如图 5-32 所示。

图 5-32　光纤测试设置界面

2. 选择光纤测试

在更改测试界面中，选择要更改的光纤测试，然后轻触"编辑"。如果要设置新的光纤测试，则轻触"新测试"。如果未安装模块，在模块界面中选择正确的模块。光纤测试模块选择界面如图 5-33 所示。

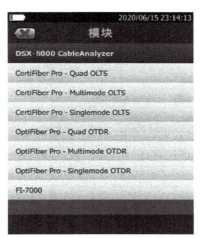

图 5-33　光纤测试模块选择界面

3. 更改测试设置

在如图 5-33 所示的测试设置界面中，选择相应的选项以更改测试设置。

（1）测试类型

1）智能远端：双工的光纤布线，实际应用中一个芯接收数据，另一个芯发送数据。

2）环回：测试光纤条线或者光纤卷轴线。
3）远端光源：单芯光纤应用场景使用。
4）双向：此项不适用于远端光源。
5）关：测试仪只进行单向光纤测试。
6）开：测试仪进行双向光纤测试。

（2）光纤类型

根据实际被测的链路选择相关的线缆类型，如单模还是多模，若是单模，是 OS1 还是 OS2，若是多模，是 OM1 还是 OM2/3/4/5 等。

（3）测试限制值

正确地设置、判断这条链路质量的测试标准，如 ISO、TIA 等不同国家、应用的测试标准。

1）参照方法
- 跳线：损耗测量包括链路两端的连接器（也叫作"耦合器"或"法兰"）。
- 跳线：损耗测量包括链路一端的一个连接器。
- 跳线：损耗测量不包括链路两端的连接器。

2）连接器类型：布线架构中的光纤接头类型，如 SC、LC、FC、ST 等。

3）接线/接头的数量：被测链路中连接器的个数、接头（熔接点）的个数，如图 5-34 所示。

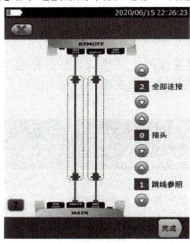

图 5-34　接线/接头的数量

4．保存设置

完成测试设置后，在测试设置界面中单击"保存"。

5．光纤测试

保存好设置后，单击"测试"，即可测试光纤链路的长度与损耗。

5.3.4　测试结果实例

通过对测试仪的学习，掌握了专业测试的相关知识和技能，并能通过实际测试给出测试的结果。信息学院信息中心楼（第 2 号楼）的布线工程均采用上面所讲的设备完成工程测试。由于测试数据过多,仅以信息学院信息中心楼(第 2 号楼)五楼的光纤线路使用 Fluke LinkIQ 智能网络测试仪完成的一组测试结果为例进行说明(如图 5-35 所示),其中★表示线路不通。

信息技术学院信息中心(第2号楼)五楼的光纤线路测试数据报告单

2#楼5楼509教室

光纤位置号	衰减数据	光纤位置号	衰减数据
5FG1-1√	16.5	5FG2-1	15.8
5FG1-2√	14.4	5FG2-2	14.0
5FG1-3	14.9	5FG2-3	15.1
5FG1-4	13.8	5FG2-4	14.1
5FG1-5	14.6	5FG2-5	14.0
5FG1-6	13.8	5FG2-6	14.0

2#楼5楼教师机房

光纤位置号	衰减数据	光纤位置号	衰减数据
5FG3-1蓝√	15.8	5FG4-1	13.9
5FG3-2橙√	15.6	5FG4-2	13.7
5FG3-3	13.7	5FG4-3	14.1
5FG3-4	13.6	5FG4-4	13.7
5FG3-5	13.8	5FG4-5	14.1
5FG3-6	13.9	5FG4-6	14.3

2#楼5楼主任办公室

光纤位置号	衰减数据	光纤位置号	衰减数据
5FG5-1√	14.8	5FG6-1	14.4
5FG5-2√	14.4	5FG6-2	14.4
5FG5-3	14.2	5FG6-3	14.9
5FG5-4	14.7	5FG6-4	15.0
5FG5-5	14.9	5FG6-5	13.9
5FG5-6	14.1	5FG6-6	不通★

2#楼5楼505教室

光纤位置号	衰减数据	光纤位置号	衰减数据
5FG7-1√	15.2	5FG8-1	14.5
5FG7-2√	14.6	5FG8-2	14.8
5FG7-3	14.4	5FG8-3	14.9
5FG7-4	14.9	5FG8-4	33.0★
5FG7-5	14.4	5FG8-5	14.0
5FG7-6	14.7	5FG8-6	15.0

2#楼5楼504教室

光纤位置号	衰减数据	光纤位置号	衰减数据
5FG9-1√	14.1	5FG10-1	14.0
5FG9-2√	13.9	5FG10-2	13.5
5FG9-3	14.0	5FG10-3	13.9
5FG9-4	13.7	5FG10-4	14.4
5FG9-5	13.6	5FG10-5	13.6
5FG9-6	13.5	5FG10-6	13.9

2#楼5楼503教室

光纤位置号	衰减数据	光纤位置号	衰减数据
5FG11-1√	14.1	5FG12-1	13.7
5FG11-2√	13.9	5FG12-2	25.0★
5FG11-3	14.3	5FG12-3	14.2
5FG11-4	14.0	5FG12-4	14.6
5FG11-5	13.7	5FG12-5	14.8
5FG11-6	14.2	5FG12-6	13.9

图 5-35 信息学院信息中心楼(第 2 号楼)五楼的光纤线路测试结果

5.4 任务 2 综合布线系统工程验收

5.4.1 任务引入

完成布线系统工程测试任务后,就进入整个工程的验收阶段。工程验收能全面考核工程的建设水平,检验设计和施工质量,是施工方向建设方移交的正式手续,也是用户对工程的认可。因此,做好工程验收工作相当于为整个布线系统工程画上了一个完美的句号,其重要性是毋庸置疑的。以信息学院信息中心楼(第 2 号楼)的布线系统工程为例,本阶段的具体任务为:
1)验收的相关技术标准及规范。
2)验收的内容、方法、步骤。

5.4.2 任务分析

信息学院信息中心楼(第 2 号楼)的布线系统工程验收是一项系统性的工作,虽然只有双绞线和光纤两种工程验收类型,但是由于工程质量要求较高且线路铺设量较大,因此整个工程验收的过程还是比较复杂的。同时,作为一个完整的工程项目的验收,它不仅包含前面所述的链路连通性、电气和物理特性测试,还包括对施工环境、工程器材、设备安装、线缆敷设、缆线端接、竣工技术文档等的验收。验收工作贯穿于整个综合布线系统工程中，包括施工前检查、随工检查、初步验收、竣工验收等几个阶段，对每一阶段都有其特定的内容。为更好地完成验收工作，需要了解相关知识。

5.5 知识链接——工程验收

5.5.1 工程验收相关标准

工程验收主要以 GB/T 50312—2016《综合布线系统工程验收规范》作为技术验收标准。由于综合布线工程是一项系统工程，不同的项目会涉及其他一些技术标准，它们是：
1)《信息通信综合布线系统 第 1 部分：总规范》(YD/T 926.1—2023)。
2)《综合布线系统电气特性通用测试方法》(YD/T 1013—2013)。
3)《数字通信用聚烯烃绝缘水平对绞电缆》(YD/T 1019—2023)。
4)《本地网通信线路工程验收规范》(GB 51171—2016)。
5)《通信管道工程施工及验收标准》(GB/T 50374—2018)。

由于综合布线技术日新月异，技术规范内容经常在不断地进行修订和补充，因此在验收时，应注意使用最新版本的技术标准。

5.5.2 工程验收的具体内容

1. 随工验收

首先需要说明的是，验收工作并不是必须在工程结束后才能进行，有些验收工作必须在施工过程中进行，如隐蔽工程、隧道布线等，这就是随工验收。现将网络综合布线系统在施工过程中进行的验收归纳如下。

（1）布线安装前需要检查的事项

1) 环境要求：地面、墙面、天花板内、电源插座、信息模块座、接地装置等要素的设计与要求；设备间、管理的设计；竖井、线槽、打洞位置的要求；施工队伍以及施工设备；活动地板的铺设。

2) 施工材料的检查：双绞线、光缆是否按方案规定的要求购买；塑料槽管、金属槽是否按方案规定的要求购买；机房设备，如机柜、集线器、接线面板，是否按方案规定的要求购买；信息模块、座、盖是否按方案规定的要求购买。

3) 安全、防火要求：器材是否靠近火源；器材堆放是否做到了安全防盗；发生火情时能否及时提供消防设施。

（2）检查设备安装

在安装机柜时要检查机柜的安装位置是否正确；规格、型号、外观是否符合要求；跳线制作是否规范；信息插座、盖的安装是否平、直、正；信息插座、盖是否用螺钉拧紧；标志是否齐全。

（3）双绞线电缆和光缆安装

1) 桥架和线槽安装：检查是否正确；安装是否符合要求；接地是否正确。

2）电缆布放：电缆规格、路由是否正确；对电缆的标号是否正确；电缆拐弯处是否符合规范；竖井的线槽、线固定是否牢靠；是否存在裸线；竖井层与楼层之间是否采取了防火措施。

（4）室外光缆的布线

1）架空布线检查：检查架设竖杆位置是否正确；是否符合要求；卡挂钩的间隔是否符合要求；吊线规格、垂度、高度是否符合要求。

2）管道布线检查：检查使用管孔的尺寸和位置是否合适；电缆规格、电缆走向路由以及防护设施是否符合规范。

3）挖沟布线（直埋）：检查光缆规格；铺设位置、深度；是否加了防护铁管；回填土是否夯实。

4）隧道电缆布线：检查电缆规格、安装位置、路由设计是否符合规范。

（5）电缆终端安装

信息插座是否符合规范；配线架压线是否符合规范；光纤头制作是否符合要求；光纤插座是否符合规范；各类布线是否符合规范。

以上均应在施工过程中由检验人员进行随工检查验收，填好随工验收报告，发现不合格的地方，做到随时返工，随时解决问题。

2．现场验收

作为网络综合布线系统，在现场验收有以下几个主要验收要点。

（1）工作区子系统验收

对于众多的工作区不可能逐一验收，通常是由甲方抽样挑选工作区进行。验收的重点包括：

1）线槽走向、布线是否美观大方，符合规范。

2）信息插座是否按规范进行安装。

3）信息插座安装是否做到一样高、平、牢固。

4）信息面板是否都固定牢靠。

（2）配线子系统验收

对于配线子系统，主要验收点为：

1）线槽安装是否符合规范。

2）线槽与线槽、线槽与槽盖是否接合良好。

3）托架、吊杆是否安装牢固。

4）配线子系统缆线与干线、工作区交接处是否出现裸线。

5）配线子系统干线槽内的缆线是否固定好。

（3）干线子系统验收

干线子系统的验收除了类似配线子系统的验收内容外，重点要检查建筑物楼层与楼层之间的洞口是否封闭，以防出现火灾时成为一个隐患点。还要检查缆线是否按间隔要求固定，拐弯缆线是否符合最小弯曲半径要求等。

（4）管理、设备间子系统验收

主要检查设备安装是否规范整洁，各种管理标识是否明晰。

（5）文档验收

技术文档、资料是布线工程验收的重要组成部分。完整的技术文档包括电缆的标号、信息插座的标号、交接间配线电缆与干线电缆的跳接关系、配线架与交换机端口的对应关系。有条件时，应建立电子文档形式，便于以后维护管理使用。

为了便于工程验收和管理使用，施工单位应编制工程竣工技术文件，按协议或合同规定的要求交付所需要的文档。信息学院信息中心楼（第 2 号楼）的工程竣工技术文件主要包括以下几个方面。

1）竣工图样。包括总体设计图、施工设计图，包括配线架、现场场区的配置图，配线架布放位置的详细图、配线表、信息点位布置竣工图等。

2）工程核算书。综合布线系统工程的施工安装工程量核算，如干线布线的缆线规格和长度、楼层配线架的规格和数量等。

3）设备和主要器件明细表。将整个布线工程中所用的设备、配线架、机柜和主要部件分别统计，清晰地列出其型号、规格和数量。列出网络接续设备和主要器件明细表。

4）测试记录。要记录好布线工程中各项技术指标和技术要求的随工验收、测试记录，如缆线的主要电气性能、光纤光缆的光学传输特性等测试数据。

5）隐蔽工程。包括直埋缆线或地下缆线管道等隐蔽工程经工程监理人员认可的签证；设备安装和缆线敷设工序告一段落时，经常驻工地代表或工程监理人员随工检查后的证明等原始记录。

6）设计更改情况。在布线施工中有少量修改时，可利用原布线工程设计图进行更改补充，不需要重作布线竣工图样，但对布线施工中改动较大的部分，则应另作竣工图样。

7）施工说明。在布线施工中一些重要部位或关键网段的布线施工说明，如建筑群配线架和建筑物配线架合用时，它们连接端子的分区和容量等。

8）软件文档。在网络综合布线系统工程中，如采用计算机辅助设计时，应提供程序设计说明及有关数据、操作使用说明、用户手册等文档资料。

9）会议、洽谈记录。在布线施工过程中由于各种客观因素变更或修改原有设计或采取相关技术措施时，应提供设计、建设和施工等单位之间对于这些变动情况的洽谈记录，以及布线施工中的检查记录等资料。

总之，工程竣工技术文件和相关文档资料应内容齐全、真实可靠、数据准确无误，且语言通顺，层次条理，文件外观整洁，图表内容清晰，不应有互相矛盾、彼此脱节、错误和遗漏等现象。

5.6 任务实施——工程项目验收

根据信息学院信息中心楼（第 2 号楼）的工程验收任务要求，通过相关知识的学习，明确了验收的有关标准，知道了验收的各项内容。由于验收内容较多，下面仅以第 2 号楼的 3 楼线缆验收（见表 5-2）为例予以说明。

5.6.1 线缆验收

线缆是影响布线系统工程质量的关键因素，验收必须严格按照规范进行，必须要有验收记录。第 2 号楼 3 楼线缆验收记录表如图 5-36 所示。

综合布线系统性能检测分项工程质量验收记录表

编号：表C.0.1-0903

单位（子单位）工程名称	信息学院网络综合布线系统工程		子分部工程	综合布线系统
分项工程名称	系统性能检测		验收部位	2#-3层
施工单位	××科技有限公司		项目经理	×××
施工执行标准名称及编号	《建筑电气工程施工质量验收规范》GB 50303—2015 《综合布线系统工程验收规范》GB/T 50312—2016			
分包单位	××科技有限公司		分包项目经理	

检测项目（主控项目） （执行GB 50303—2015第13.1.1~13.1.3条的规定）			检查评定记录	备注
1	工程电气性能检测	连接图	符合要求	执行GB/T 50312—2016 10.0.2条的规定
		长度	符合要求	
		衰减	符合要求	
		近端串音（两段）	符合要求	
		其他特殊规定的测试内容	符合要求	
2	光纤特性检测	连通性	符合要求	
		衰减	符合要求	
		长度	符合要求	

检测意见：

经检测，符合《建筑电气工程施工质量验收规范》GB 50303—2015和《综合布线系统工程验收规范》GB/T 50312—2016的规范验收要求。

监理工程师签字		检测机构负责人签字	
（建设单位项目专业技术负责人）			
日　　期	××××年××月××日	日　　期	××××年××月××日

图 5-36　第 2 号楼 3 楼线缆验收记录表

5.6.2 设备间验收

设备间是通信线路连接的中心结点,验收必须要严格,并有记录。第 2 号楼 3 楼设备间验收记录表如图 5-37 所示。

<table>
<tr><td colspan="5">综合布线系统安装分项工程质量验收记录表</td></tr>
<tr><td colspan="5" align="right">编号:***</td></tr>
<tr><td colspan="2">单位(子单位)工程名称</td><td>信息学院网络综合布线工程</td><td>子分部工程</td><td>综合布线系统</td></tr>
<tr><td colspan="2">分项工程名称</td><td>系统安装质量检测</td><td>验收部位</td><td>3~5层</td></tr>
<tr><td colspan="2">施工单位</td><td>××科技有限公司</td><td>项目经理</td><td>×××</td></tr>
<tr><td colspan="2">施工执行标准名称及编号</td><td colspan="3">《综合布线系统工程验收规范》GB/T 50312—2016</td></tr>
<tr><td colspan="2">分包单位</td><td>××科技有限公司</td><td>分包项目经理</td><td></td></tr>
<tr><td colspan="2">检测项目(一般项目)
(执行GB 50303—2015第13.2.1~13.2.4条的规定)</td><td colspan="2">检查评定记录</td><td>备注</td></tr>
<tr><td>1</td><td colspan="2">缆线终接</td><td>符合要求</td><td>执行GB/T 50312—2016
中第7.0.1条的规定。</td></tr>
<tr><td>2</td><td colspan="2">各类跳线的终接</td><td>符合要求</td><td>执行GB/T 50312—2016
中第7.0.4条的规定。</td></tr>
<tr><td rowspan="7">3</td><td rowspan="7">机柜、机架、配线架的安装</td><td>符合规定</td><td>符合要求</td><td rowspan="7">执行GB/T 50312—2016
中第5.0.1条的规定。</td></tr>
<tr><td>设备底座</td><td>符合要求</td></tr>
<tr><td>预留空间</td><td>符合要求</td></tr>
<tr><td>紧固状况</td><td>符合要求</td></tr>
<tr><td>距地面距离</td><td>符合要求</td></tr>
<tr><td>与桥架线槽连接</td><td>符合要求</td></tr>
<tr><td>接线端子标志</td><td>符合要求</td></tr>
<tr><td>4</td><td colspan="2">信息插座的安装</td><td>符合要求</td><td>执行GB/T 50312—2016
中第5.0.3条的规定。</td></tr>
<tr><td colspan="5">检测意见:

经检测,符合《建筑电气工程施工质量验收规范》GB 50303—2015和《综合布线系统工程验收规范》GB/T 50312—2016的规范验收要求。</td></tr>
<tr><td colspan="2">监理工程师签字
(建设单位项目专业技术负责人)</td><td></td><td colspan="2">检测机构负责人签字</td></tr>
<tr><td colspan="2">日 期</td><td>××××年××月××日</td><td>日 期</td><td>××××年××月××日</td></tr>
</table>

图 5-37 第 2 号楼 3 楼设备间验收记录表

5.7 素养培育

一名中国留学生在国外一家餐馆打工，老板要求洗盆子时要刷 6 遍。一开始他还能按照要求去做，刷着刷着，发现少刷一遍也挺干净，于是就开始只刷 5 遍；后来，发现再少刷一遍还是挺干净，于是就又减少了一遍，只刷 4 遍并暗中留意另一个打工的人，发现他还是老老实实地刷 6 遍，速度自然要比自己慢许多，便出于"好心"，悄悄地告诉那人说，可以少刷一遍，看不出来的。谁知那人一听，竟惊讶地说："规定要刷 6 遍，就该刷 6 遍，怎么能少刷一遍呢？"

如果你是老板，你希望用哪种心态的员工？

国外一家调查显示：学历资格已经不是公司招聘首先考虑的条件，大多数雇主认为，正确的工作态度是公司在雇用员工时最优先考虑的，其次才是职业技能，再次是工作经验。毫无疑问，工作态度已被视为组织遴选人才时的重要标准。

敬业是一种最卓越的工作态度，从自己的内心深处敬重自己的工作，视本职工作为最大爱好，表现为忠于职守、尽职尽责、一丝不苟、全心全意、善始善终等职业道德。有了这种敬业精神，人才会在工作中有使命感和责任感。让敬业成为一种习惯，只有敬业才会让你更出类拔萃。

5.8 习题与思考

5.8.1 填空题

1. 综合布线测试链路模型包括_____和_____。
2. 综合布线系统测试可以分为_____和_____两类。
3. 认证测试包括_____和_____。

5.8.2 思考题

1. 简述 Fluke DSX-8000 测试仪的功能特点及测试步骤。
2. 综合布线验收的技术标准是什么？
3. 简述如何组织一次竣工验收。

模块 6　综合布线系统工程文档的编写与管理

学习目标

【知识目标】

- 了解工程文档的组成。
- 熟悉工程文档的编写方法。
- 掌握工程文档的维护和管理方法。

【能力目标】

- 通过了解工程文档的结构和内容，在实际工作中能够对文档进行管理。
- 通过了解工程文档的结构和内容，在实际工作中能够正确使用文档。

【竞赛目标】

对标赛项的基本要求，能够阅读和理解竞赛文档内容。

【素养目标】

- 勇于展示自己，勇于挑战更高的目标，对工作负责任的态度。
- 严格要求操作规范，培养学生的责任意识和职业素养。

6.1　任务　文档编写与管理

6.1.1　任务引入

工程文档编写与管理是综合布线工程的一个重要组成部分，贯穿于整个工程。工程文档是综合布线工程设计、施工及验收的依据，只有在完成综合布线工程的同时，辅以完善的综合布线文档的编写和管理，才能最大程度上维护双方的利益。以信息学院网络综合布线工程为例，该工程主要涉及以下几种文档。

1）招标文档。
2）投标文档。
3）工程施工文档。

4）工程验收文档。

6.1.2 任务分析

在信息学院网络综合布线工程中，招标文档是甲方对该布线工程的具体要求和要达到的目标；投标文档是乙方根据自身情况所做出的工程技术设计和整个工程的报价；工程施工文档是乙方在中标后根据甲方实际情况所做出的标准化技术设计，是双方需要认可的工程规范；工程验收文档是工程结束后验收的结果，是判断工程是否符合国家标准的主要依据。要完成上述各种文档的编写与管理，必须了解一些相关知识。

6.2 知识链接——工程文档

6.2.1 工程文档的分类

从形式上看，工程文档大致可以分为两类：一类是综合布线工程设计过程中填写的各种图表，可称之为工作表格；另一类是应编写的技术资料或技术管理资料，可称之为文件。

工程文档的编制可以用自然语言、特别设计的形式语言、介于两者之间的半形式语言（结构化语言）、各类图形和表格等来完成。

按照工程文档产生和使用的范围，大致可以把文档分为三类。

1. 开发文档

这类文档是在综合布线工程设计过程中，作为综合布线工程设计人员现阶段工作成果的体现和后一阶段工作依据的文档。它包括需求说明书、数据要求说明书、概要设计书、详细设计书、详细设计说明书、可行性研究说明书和项目开发计划书。

2. 管理文档

这类文档是在网络布线设计过程中，由网络布线设计人员制定的工作计划或工作报告。管理人员通过这些文档能够了解网络设计项目的安排、进度、资源使用和成果。

3. 用户文档

这类文档是网络布线设计人员为用户准备的有关系统使用、操作、维护的资料，包括用户手册、操作手册、维护修改手册、需求说明书。

6.2.2 工程文档的编写

虽然工程项目各不相同，但工程文档的编写方法大同小异，下面重点介绍几种具有代表性的综合布线文档的编写。

1. 招标文档

工程项目招标是指用户（甲方）对投标人进行审查、评议和选定的过程。首先，用户（甲方）对项目的建设地点、规模容量、质量要求和工程进度等予以明确后，进行招标。然后，用户（甲方）根据投标人的技术方案、工程报价、技术水平、人员组成及素质、施工能力和措施、工程经验、企业财务状况及信誉等进行综合评价、全面分析，择优选择中标人后与之签订承包合同。

工程项目招标可分为公开招标和邀请招标两种方式。无论采用何种招标方式，用户（甲方）都必须按照规定的程序进行招标，要制定统一的招标文档。

招标文档一般应包括下列内容。

1）投标人须知。投标人须知是招标文档中反映招标人招标意图的部分，每个条款都是投标人应该知晓和遵守的规则的说明。

2）招标项目的性质和数量。如校园网综合布线系统工程所涉及的区域及数量。

3）技术规格。技术规格是招标文档中最重要的内容之一，是指招标项目在技术、质量方面的标准。技术规格的确定，往往是招标能否具有竞争性，能否达到预期目的的技术制约因素。因此，世界各国和有关国际组织都普遍要求，招标文档规定的技术规格应采用国际或国内公认、法定的标准。本工程中的技术规格以国家标准和行业标准为主。

4）报价要求。报价要求是指招标人评标时衡量的一个重要因素。在工程招标时，一般应要求投标人给出完成工程的各项单价和一揽子价格。

5）评标的标准和方法。评标时只能采用招标文档中已列明的标准和方法，不得另定。

6）交货、竣工或提供服务的时间。

7）投标人应当提供的有关资格和资信证明文件。

8）履约保证金的数额。

9）投标文档的编制要求。

10）提供投标文档的方式、地点和截止时间。

11）开标、评标的日程安排。

12）主要合同条款。主要合同条款应明确需要完成的工程范围、供货的范围、招标人与中标人各自的权利和义务。除一般合同条款外，合同中还应包括招标项目的特殊合同条款。

2．投标文档

投标人是响应招标、参加投标竞争的法人或其他组织。投标人应当按照招标文档的要求编写投标文档，并做出实质性响应。投标文档应当对招标文档提出的实质性要求和条件做出响应。投标文档中应包括项目负责人和技术人员的职责、简历、业绩和证明文件及项目的施工器械、设备配置情况等。

（1）投标文档的组成

投标文档通常由下列文件组成：投标书、投标书附件、法定代表人资格证明书、授权委托书、具有标价的工程量清单与报价单、施工计划、资格审查表、对招标文档中的合同条款内容的确认与响应，以及按招标文档规定提交的其他资料。

（2）投标文档的编制

1）编制前的准备。

投标文档是投标人参与投标竞争的重要凭证，是评标、决标和订立合同的依据，是投标人素质的综合反映。因此，投标人对投标文档应引起足够的重视。

编制投标文档之前，应从以下几方面做好准备。

① 进行现场考察。现场考察应重点了解以下情况：建筑物施工情况、工地及周边环境、电力等情况，本工程与其他工程间的关系，工地附近住宿及加工条件。

② 分析招标文档。招标文档是投标的主要依据，研究招标文档应重点考虑以下几方面：投标人须知、合同条件、设计图样、工程量等。

③ 校核工程量。投标人应根据工程规模核准工程量，并进行询价与市场调查，这对于工程的总造价影响较大。

④ 预算施工成本。应在保证工程质量与工期的前提下，通过分析施工方法、进度、劳动力等的情况，预算施工成本和利润。

2）编写投标文档。

投标人应严格按照招标文档的投标须知，和合同条款附件的要求编制投标文档，逐项逐条回答招标文档中的问题，顺序和编号应与招标文档一致，一般不带任何附加条件，否则会导致投标作废。如投标文档未对招标文档中的条款提出异议，均被视为接受和同意。

投标文档一般包括商务文件和技术方案两部分，要特别注意技术方案的描述。技术方案应根据招标文档中提出的建筑物的平面图及功能划分、信息点的分布情况、布线系统应达到的等级标准、推荐产品的型号和规格、遵循的标准和规范、安装及测试要求等，做出较完整的论述。技术方案应具有一定的深度，包括布线系统的配置方案和安装设计方案，也可提出建议性的技术方案供用户（甲方）评审评议。综合布线系统设计应遵循下列原则。

① 先进性、成熟性和实用性。

② 服务性和便利性。

③ 经济合理性。

④ 标准化。

⑤ 灵活性和开放性。

⑥ 集成化和可扩展性。

目前，综合布线系统所支持的工程与建筑物包括办公楼与商务楼、政务办公楼、金融证券、电信枢纽、厂矿企业、医院、校园、广场与市场超市、博物馆、会展和新闻中心、机场、住宅、保密专项工程等类型。投标文档应按上述工程类型，做出具有特点和切实可行的技术方案。

3. 工程施工文档

综合布线系统工程是一项高技能的工作，技术含量较高，对各项技术指标有严格的标准，因此必须有严格、合理的工程施工文档，主要包括工程技术文件报审表；施工进度计划报审表；设计变更通知单；工程物资进场报验表等。工程施工文档的编写应注意以下三点：

1）随干随写，切忌突击完成。

2）记录是工程实际的客观反映，切忌"言行不一"。

3）项目变更必须按规定程序操作，切忌"先斩后奏"。

4. 工程验收文档

工程验收文档和相关资料应做到内容齐全、数据准确无误、文字表达条理清楚、外观整洁、图表内容清晰，不能有相互矛盾、彼此脱节和错误遗漏等现象的存在。文档通常一式三份，如有多个单位需要，可适当增加份数。

综合布线系统工程的验收文档就是用于记录各项验收结果，主要包括工程设计文档和工程竣工文档。

（1）工程设计文档

工程设计文档是综合布线系统工程验收的重要组成部分。完整的工程设计文档应包括电缆的编号、信息插座的标号、交接间配线电缆与垂直电缆的跳接关系、配线架与交换机端口的对应关系。最好建立电子文档，便于以后的维护与管理。工程设计文档的具体内容如下：

① 综合布线系统总图。
② 综合布线系统信息点分布平面图。
③ 综合布线系统各配线区（管理）布局图。
④ 信息端口与配线架端口位置的对应关系表。
⑤ 综合布线系统路由图。
⑥ 综合布线系统性能测试报告。

（2）工程竣工文档

工程竣工后，施工单位应在工程验收以前，将工程竣工文档交给建设单位。工程竣工文档应包括以下内容：

① 安装工程量。
② 工程说明。
③ 设备、器材明细表。
④ 竣工图样（施工中更改后的施工设计图）。
⑤ 测试记录。
⑥ 工程变更、检查记录，及施工过程中需要更改设计或采取相关措施的记录，即建设方、设计方、施工方、监理方等单位之间的洽谈记录。
⑦ 随工验收记录。
⑧ 隐蔽工程签证。
⑨ 工程决算。

6.2.3　工程文档的管理

工程文档管理是整个综合布线工程项目管理的关键工具。在工程建设项目实施的过程中，无论是研究、设计、审批、施工等各项工作都必须通过文档的形式得到确认和执行。工程文档管理的质量、执行的效率决定了项目管理的质量和效率。因此，必须加强对工程文档的管理，具体措施如下。

1．设置文档管理员

工程项目小组应设置一个文档管理员，负责保管本项目已有文档的两套主文档，这两套主文档的内容完全一样，其中一套可供借阅。

2．主/副文档保持一致

工程项目小组成员可根据工作需要自行保管一些个人文档。这些文档一般都应是主文档的副本，并与主文档保持一致，在做必要的修改时主文档也应随之更新。

3．保存与本人工作有关文档

工程项目组的成员只保管与本人工作有关的部分文档。

4．及时注销旧文档

在新文档取代旧文档时，文档管理人员应及时注销旧文档。在文档的内容有变动时，管理人员应及时修订主文档，使其及时反映更新了的内容。

5．及时收回个人文档

项目开发结束时，文档管理人员应收回开发人员的个人文档。发现个人文档与主文档有差别时，应立即解决。

6．必须谨慎修改主文档

在工程项目实施过程中，可能需要修改已经完成的文档。对于规模较大的项目，主文档的修改必须特别谨慎。修改前要充分评估修改可能带来的影响，并且要按照提议、评议、审核、批准、实施的步骤加以严格控制。

6.3 任务实施——工程文档编写

前面介绍了网络综合布线系统文档的编写和管理方法，现对信息学院网络综合布线系统工程所涉及的各类文档简述如下。

6.3.1 信息学院网络综合布线系统工程招标文档

信息学院网络综合布线系统工程招标文档的结构如下。

1．信息学院概况

1）楼宇的地理位置及分布情况。
2）各建筑物的建筑面积、高度、用途、特点等。

2．投标单位应具备的条件和资质

1）法人资格证书、营业许可证、法人委托书。
2）其他有关的资质证书。
3）先进、健全的质保体系。
4）设计能力、施工队伍、测试手段、业绩。
5）社会信誉。

3．标书要求

1）系统设计方案。
2）设计目标和特点。
3）系统设计原则：开放性、可扩展性、灵活性、安全性、成熟性。

4）设计依据、技术指标、执行标准。
5）针对自身特点的具体要求。
6）各种设备和材料的标准和品牌。
7）系统的远景规划及升级换代方案。
8）系统报价。
9）施工组织方案。
10）系统投资概算。
① 系统硬件设备费用。
② 系统软件费用。
③ 工程服务费用。
④ 施工安装和材料费用。
⑤ 包装运输费用。
⑥ 技术培训费用。
⑦ 耗材费用。
⑧ 其他费用。
11）付款方式及条件。
① 是否有预付款。
② 付款周期。
③ 质保金扣除方式及时间。
④ 工程款调整方式及条件。
⑤ 违反合同的赔款。
12）工程期限及质量要求。
① 时间是否确定或由投标方提出。
② 工程质量合格或优良。
③ 未达到工程质量要求赔款。
④ 是否有优质、优价要求。
13）质量保证及售后服务的要求。
① 质量保证要求。
② 是否要求质量保证体系。
③ 其他要求。

4．其他内容

甲方能够提供的条件如下。
1）现有条件。
2）工程协调。
3）双方配合。
4）收费标准、投标时间和地点。
5）评标方式。
6）标书数量。

6.3.2 信息学院网络综合布线系统工程投标文档

信息学院网络综合布线系统工程投标文档的结构如下。

1. 整体方案

1）综合布线系统简介。
2）综合布线系统的优势。
3）综合布线系统的组成。
4）选型原则及产品简介。
5）综合布线系统设计方案。

2. 施工方案

1）工程施工组织方案。
2）工程进度计划。
3）施工安全措施。
4）施工期限。

3. 测试方案

1）测试时间。
2）测试方法及手段。

4. 整体方案的总报价

1）系统设计费。
2）材料及设备费。
3）工程施工费。
4）土建施工配合费。
5）管理费。
6）其他费用。
7）报价依据。

5. 优惠承诺及售后服务

1）价格优惠让利程度。
2）质保期限。
3）售后服务体系。
4）技术培训。
5）技术支持。

6. 公司资质文件

1）企业执照。
2）资质证书。
3）人员组成。
4）技术力量。
5）施工人员简历。

6）其他相关证书。

6.3.3 信息学院网络综合布线系统工程实施合同

依据上述招标和投标的内容，信息学院组织专家对投标公司依据性价比和技术方案等指标进行评审，最终北京美江科技发展有限公司中标。以下是双方的工程施工合同。

信息学院网络综合布线系统工程实施合同

甲方：信息学院	乙方：北京美江科技发展有限公司
地址：中央大街188号	地址：北京市西城区德外大街甲11号美江大厦
电话：2154 6128	电话：8121 3328
传真：2137 4218	传真：8208 2319
邮编：100139	邮编：108088

信息学院（以下简称甲方）与北京美江科技发展有限公司（以下简称乙方），为明确双方在合作过程中的权利、义务和责任，经友好协商，签订本合同。

总则：

乙方是一家提供通信、计算机网络系统集成及综合布线系统施工的专业公司，其技术人员具有施工安装及设计培训的认证书。

甲方同意按下列条款委托乙方实施信息中心楼（第2号楼）的计算机网络布线系统工程，包括：布线材料供应、工程实施和测试文档的制作以及竣工资料归档。

乙方同意按下列条款承包甲方提出的信息中心楼（第2号楼）的计算机网络布线系统工程的设计、施工、安装、测试等项目内容。

第一条 工程实施项目

一、工程名称：信息学院网络综合布线系统工程

二、工程地点：信息学院

三、主管单位：电子信息集团公司

四、工程实施总报价为：人民币 298 000.00 元整（详见工程报价单）。

五、工程内容及承包范围

1. 工程施工材料及所有技术资料的整理，并交甲方一份。
2. 实施工程包括综合布线系统工程布线材料的供应、施工、安装、测试等内容。

第二条 工程期限

一、本合同工程实施按甲方装修进度进行。

二、每层穿线时间约为5天。

第三条 工程质量

经双方研究，本工程质量达到以下要求：

一、乙方必须严格按照双方确认后的施工图样和 EIA/TIA 568 标准进行施工，并接受甲方指派的代表监督。

二、乙方提供的材料须与材料清单相符，并经甲方抽测、核对确认无误后方可用于工程。

三、工程完工后,由乙方负责对工程进行全面测试,并向甲方提供完整的测试报告。

四、工程竣工后,由乙方按规定对工程进行保修,保修时间自通过竣工验收之日算起,为期一年。

第四条　工程实施费用的支付与结算

一、本合同工程总价:人民币 298 000.00 元整,大写:贰拾玖万捌仟元整。

二、合同签订进场施工开始后 7 日内,甲方向乙方支付总合同款的 40%,即人民币 119 200.00 元整,大写:壹拾壹万玖仟贰佰元整。

三、工程全部完工并经验收合格后 7 日内,甲方向乙方支付总合同款的 55%,即人民币 163 900.00 元整,大写:壹拾陆万叁仟玖佰元整。

四、工程验收合格之日起保修一年,期满后 3 日内,甲方向乙方支付总合同款的 5%,即人民币 14 900.00 元整,大写:壹万肆仟玖佰元整。

五、工程总费用按实际情况结算,增减项目办理由甲、乙双方洽商解决。

第五条　施工与变更设计

在施工中如发现乙方的设计与实际施工不相符的地方,乙方应及时通知甲方,由甲方及时研究、确定修改意见并以书面形式给出,经双方确认,乙方按书面修改意见进行工程施工;若因甲方原因调整工程施工,乙方可相应调整材料及工程实施合同造价,待双方确认后实施。如因此引起工程拖延,则工期顺延。

在施工中,若甲方要求变更施工设计,应向乙方提出书面要求,并经乙方同意。如因变更引起工程拖延,则工期顺延。若甲方的设计变更影响到工程量、工程材料和作业程序,乙方可相应调整工程造价,待甲方确认后实施。

第六条　工　程　验　收

一、乙方完成工程施工和安装测试后,应提交竣工图样、配线间编号表、测试报告等文档。甲方应在收到通知后的 14 日内对测试结果进行审查并验收,否则视为验收合格。

二、验收内容:综合布线系统测试。

三、验收标准

1. 布线系统测试验收按国家标准《综合布线系统工程验收规范》进行,信息点按 100MHz 所需的标准进行测试、验收。

2. 乙方应向甲方提供完整的测试报告和配线端接表。

3. 甲方有权进行抽测,如抽测结果未达到测试标准的要求,则乙方必须重新进行测试认证,必要时应进行修改,直至达到标准要求。

4. 在规定的一年保修期内,凡因乙方施工造成的质量事故和质量缺陷均由乙方无偿保修。

5. 工程完工后,乙方负责立即向管理部门申请关于本工程的 15 年质保证书,同时保证本工程符合国家的质量要求。

第七条　违　约　责　任

甲方的责任:

1. 在施工前,在工程实施过程中,甲方须让乙方工作人员在规定的时间内进入工程地点,甲方提供材料存放场地和库房。

2. 乙方验收通知书送达甲方后，甲方应在 14 日内尽快组织验收，并通知乙方，否则视为验收合格。

3. 甲方如无正当理由，不按合同规定拨付工程款，则按银行有关逾期付款办法的规定，每逾期一天以未付款部分金额的 5‰ 偿付乙方违约金，但总违约金不超过该工程实施总价的 20%。

乙方的责任：

1. 工程质量不符合合同规定的，负责无偿维修。
2. 乙方施工中使用假冒伪劣产品，按合同总金额的 3% 赔偿。

第八条　双方一般责任

一、甲、乙双方在工程实施之前指定专人为代表，负责协调、交换、协商、处理在施工过程中所发生的一般事宜。必要时，应请示各自的上级主管负责人，以求问题的迅速解决。

二、甲方应向乙方提供简易库房一间，供乙方存放材料、工具及员工休息所用。主要材料到货后，甲、乙双方办理验收手续，签收后存放在简易库房内，由乙方人员负责保管、随时取用。材料损坏和丢失由乙方负责。

三、乙方应坚持安全和文明施工。乙方要保证施工人员的政治思想、业务素质及人身安全，并将名单报给甲方，施工人员必须遵守相关法律、法规和条例。

第九条　纠纷解决办法

本合同依据中华人民共和国各有关法律、法规的规定执行，对于执行本合同所发生的与本合同有关的争议，双方应通过友好协商解决。如经协商不能解决，任何一方均可依法向人民法院提起诉讼。在争议处理过程中，除正在协商的部分外，合同的其他部分应继续执行。

第十条　附　则

一、本合同一式四份，具有同等法律效力。甲、乙双方各执正本两份。

二、本合同自双方法定代表人或其委托代理人签字，加盖双方公章或合同专用章之日起即生效，有效期一年。

三、本合同签订后，甲、乙双方如要提出修改，经双方协商一致后，可以签订补充协议，作为本合同的补充合同。

四、本合同的未尽事宜，由双方友好协商解决。

五、附件与合同具有同等法律效力。

六、工程预算书作为本合同附件。

甲方：信息学院　　　　　　　乙方：北京美江科技发展有限公司

地址：　　　　　　　　　　　地址：北京市西城区德外大街甲 11 号美江大厦

代表人：　　　　　　　　　　代表人：

盖章：　　　　　　　　　　　盖章：

日期：　　　　　　　　　　　日期：

附件：信息学院网络综合布线系统工程报价单

日期：2022 年 9 月 20 日

序号	产品	型号	单位	单价（元）	数量	总价（元）
一、双绞线部分						
1	超 5 类非屏蔽插座模块	MPS100E-262	ea	36.00	86	3096.00
2	双孔模块面板	国产	ea	10.00	43	430.00
3	RJ-45 数据跳线	自制（3m）	ea	30.00	40	1200.00
4	超 5 类非屏蔽双绞线	1061C+004csl	1000ft	690.00	20	13 800.00
5	24 口配线架	PM2150B-24	ea	1200.00	4	4800.00
6	1U 过线槽	国产	ea	60.00	32	1920.00
7	RJ-45 数据跳线	自制（1.5m）	ea	25.00	40	1000.00
8	机柜	1.6m 国产	ea	1900.00	22	41 800.00
小计：						68 046.00
二、光纤部分						
1	6 芯室外多模光缆	LGBC-006D	m	32.00	2500	80 000.00
2	ST 接头	P2020C-125	ea	60.00	580	34 800.00
3	耦合器	C2000A-2	ea	55.00	528	29 040.00
4	光纤配线架	600A-2	ea	810.00	33	26 730.00
5	耦合器适配板	24ST	ea	260.00	11	2860.00
6	耦合器适配板	12ST	ea	250.00	22	5500.00
7	防尘盖	183U1	ea	230.00	33	7590.00
8	光纤消耗品	D182038	套	2100.00	3	6300.00
9	机柜	2m 国产	ea	2300.00	1	2300.00
小计：						195 120.00
（1）合计：						263 166.00
（2）布线施工费：						90 824.64
工程总造价：						353 990.64
最终优惠价：						298 000.00

6.3.4 信息学院网络综合布线系统工程施工文档

信息学院网络综合布线系统工程施工文档主要包括施工项目说明、项目实施说明和项目更改说明。

1. 施工项目说明

信息学院网络综合布线系统工程，自 2022 年 11 月 19 日开工，历时 12 天，于 2022 年 12 月 1 日竣工。工程施工中，我公司技术人员按照院方需求进行科学、严谨、细致、合理的分工实施，实施方案得到院领导、设备处和各系老师的认可，工程实施中院领导和涉及施工部门的教师给予我们大力的支持和帮助，我公司及全体施工人员对此深表谢意。

此工程共包含以下 6 部分内容。

1）第 2 号楼：5 层主控机房网络布线工程（强电、弱电布线、抗静电地板接地、改造、机房隔断建设、原布线线缆整理）。

2）第 1 号楼与第 2 号教学楼主控机房光纤铺设。

3）主控机房内核心交换机、防火墙、服务器安装、调试。

4）第 1、2、3、4 号教学楼分支交换机安装与核心交换机连接调试。

5）第 2 号楼 1 层专家会议室 8 个信息点布线。

6）第 4 号楼 2、4、6、8、10 层弱电控制室强电连接、排风扇安装。

2. 项目实施说明

（1）主控机房强、弱电布线

1）在原有闸箱旁明装 6 路闸箱（2 路备用）分控供机房使用。总闸为 100A，连接原闸箱总控开关下口，分路使用 32A 开关进行分控。各路分配为：第一路——隔断外三路强面插座；第二路——管理机方墙面开关；第三路——服务器方墙面开关；第四路——核心路由器方墙面开关。

2）使用 $4m^2$ 3 芯护套线作为强电主干及分支，给各路进行供电。终端使用 86 盒明装在静电地板上方；静电地板下方使用钢线槽进行保护和屏蔽强电，线路由总控闸箱下方静电地板顺墙边沿逆时针方向铺设；在隔断外静电地板下方，安装接地盒连接各排静电地板支柱并连接到总闸箱地极，避免设备因静电受损。

（2）1 号楼与主控机房光纤铺设

由主控机房房顶板层通过 2 号楼原有弱电井进入 2 号楼外原设地井，经网通弱电地井接入 1 号楼楼口，打通立墙后沿楼道原有线槽接入 1 号楼控制室，进入分支交换机。

（3）主控机房内核心交换机、防火墙、服务器安装、调试

核心交换机安装在原有机柜内，公司技术人员已测通全部光纤并保存数据，每条光纤使用其中 2 芯通过光纤跳线连接到核心交换机，调试畅通。防火墙安装在核心交换机上方并已启用，服务器已在新机柜内系统安装、调试完成。

（4）1、2、1、4 号楼分支交换机安装和核心交换机连接调试

各楼及各楼层间与核心交换机连接使用千兆智能管理型交换机作为分支，按学院要求安装到位并全部与核心交换机连接畅通。

（5）第 2 号楼 1 层专家会议室布线

第 2 号楼第 1 层专家会议室原无布线点，现学院要求会议室内预留 8 个信息点并可访问 Internet。

经过现场勘察，决定在 5 层主控制室取 3 层原有网络分配 1 个 IP 地址过防火墙做 NAT 服务接入核心交换机，再由核心交换机对应 1 层弱电控制柜内锐捷分支交换机连接到会议室一台 24 口交换机，使会议室的 8 台笔记本计算机可同时访问 Internet（每台笔记本计算机分配静态 IP 地址接入现场 14 口交换机）。

（6）第 4 号楼 2、4、6、8、10 层弱电控制室强电连接、排风扇安装

第 4 号楼没有预留排风功能，考虑到夏天炎热，在其上方安装排风扇，以降低温度。由电闸箱控制开关接出强电接线板，然后接入机柜给机柜及交换机供电。

3．项目更改说明

（1）主控机房强/弱电更改

原方案隔断外 4 个强/弱电点更改为 3 个，隔断内 5 个强/弱电点更改为 6 个。

（2）重新打通过墙眼穿入

第 1 号楼光纤接入楼内没有从原有光纤口进入，重新打通过墙眼穿入，以避免影响原有光纤传输质量。

（3）补充安装弱电井设备安装、强电接线板和排风设备

原方案未涉及第 2 号楼 1 层专家会议室布线，第 4 号楼 2、4、6、8、10 层弱电井设备安装、强电接线板和排风设备，经研究，全部安装、调试到位。

除此之外，施工文档也可采用工程技术文件报审表、施工进度计划报审表、设计变更通知单及工程物资进场报验表等工程表格，见表 6-1～表 6-4。

表 6-1　工程技术文件报审表

工程技术文件报审表				编号	***
工程名称		信息学院网络综合布线系统工程		日期	年 月 日
现报上信息学院网络综合布线系统工程工程技术文件，请予审定					
序号	类别		编制人	册数	页数
1	信息学院网络综合布线系统工程施工方案		×××	1	48
编制单位名称：		××科技有限公司			
技术负责人（签字:)			申报人（签字）		
施工单位审核意见：					
该工程施工方案编制齐全完备，具有可操作性，可按此施工方案组织施工					
	附页				
施工单位名称：		××科技有限公司	审核人（签字）：	审核日期：	年 月 日
监理单位审核意见：					
审定结论：					
监理单位名称：	××监理有限公司	总监理工程师（签字）：		日期：	年 月 日

注：本表由施工单位填报，建设单位、监理单位、施工单位各存一份

表6-2 施工进度计划报审表

施工进度计划报审表							编号		***	
工程名称		信息学院网络综合布线系统工程					日期		年 月 日	
		××监理有限公司					（监理单位）：			
现报上			年		季	月	工程施工进度计划，请予以审查和批准			
附件：	1.	1			施工进度计划（说明、图表、工程量、工作量、资源配备）					
		1		份						
	2.									
施工单位名称：							项目经理（签字）：			
审查意见：										
		监理工程师（签字）：					日期：		年 月 日	
审批结论：										
监理单位名称：		××监理有限公司		总监理工程师（签字）：			日期：		年 月 日	

注：本表由施工单位填报，建设单位、监理单位、施工单位各存一份

表6-3 设计变更通知单

设计变更通知单				编号	***
工程名称		信息学院网络综合布线系统工程		专业名称	弱电
设计单位名称		××科技有限公司		日期	年 月 日
序号	图号		变更内容		
1	电施-28		3层增加两个地插式信息点		
签字栏	建设（监理）单位		设计单位		施工单位
	××监理有限公司		××科技有限公司		××科技有限公司

1. 本表由建设单位、监理单位、施工单位和城建档案馆各保存一份
2. 涉及图样修改的必须注明应修改图样的图号
3. 不可将不同专业的设计变更放在同一份变更通知单上
4. "专业名称"栏应按专业填写，如建筑、结构、给排水、电气、通风空调等

表 6-4 工程物资进场报验表

工程物资进场报验表					编号		***
工程名称	信息学院网络综合布线系统工程				日期		年 月 日
现报上关于	信息学院网络综合布线系统工程						
	进场检验记录，该批物资经我方检验符合设计规范及合约要求，请予以批准使用						
物资名称	主要规格	单位	数量	选样报审表编号		使用部位	
金属线槽	GCQ1A-300×100	根	1			3、4层	
金属线槽	GCQ1A-100×100	根	1			5	
附件：			名称	页数		编号	
1	1		出厂合格证	1	页		
2	1		厂家质量检验报告	10	页		
3	0		厂家质量保证书		页		
4	0		商检证		页		
5	1		进场检验记录	1	页		
6	0		进场复试报告		页		
7	0		备案情况		页		
申报单位名称：	××科技有限公司			申报人（签字）：			
施工单位检验意见：				符合设计要求			
1	0						
施工单位检验意见：	××科技有限公司		技术负责人（签字）：		审核日期：		年 月 日
验收意见：							
			质量控制资料齐全、有效，同意验收				
审定结论：	1		0	0		0	
监理单位名称：	××监理有限公司		监理工程师（签字）：		验收日期：		年 月 日
注：本表由施工单位填报，建设单位、监理单位、施工单位各存一份。							

6.3.5 信息学院网络综合布线系统工程验收文档

工程验收文档涉及设备验收和工程质量验收，可采用工程验收报告和工作表格两种形式。

1. 工程验收报告举例

信息学院网络综合布线系统工程申请验收报告

致：信息学院

按照 2022 年 9 月 20 日与院方签订的技术服务合同的内容，我公司积极组织施工队伍进行施工，并于 2022 年 12 月 1 日完成。

现在学院第 1~4 号楼与网络中心连接顺畅、快捷，网络防火墙、服务器、核心交换机、分支交换机运转正常，内网访问外网稳定、可靠，满足合同要求。

工程项目竣工后，我公司将继续为院方免费提供 1 年的技术支持和服务。

特此申请验收！

（后附验收单）

申请验收单位：北京美江科技发展有限公司

申请验收日期：2022年12月1日

附录：项目工程验收单，见表6-5。

表6-5 信息学院网络布线项目工程验收单

编号	日期	项目验收内容	验收结果	验收人签章
1		新铺设光纤	畅通	
2		服务器配置	与合同相符	
3		服务器	运行良好	
4		网络和新交换机，分支交换机	运行良好	
5		防火墙	运行良好	
6		网络机柜	牢固、美观	
7		弱电网络布线	合理、美观、整洁	
8		强电网络布线	合理、美观、整洁	
9		供电系统	设计合理、安全	
10		各教学楼，楼层分支交换机与主控室和新交换机连接状态	畅通	

签章

信息学院　　　　　　　　　　　北京美江科技发展有限公司

代表签字：　　　　　　　　　　代表签字：

日期：2022年12月1日　　　　　日期：2022年12月1日

2．工程验收工作表格举例（表6-6和表6-7）

表6-6 设备开箱检验记录表

设备开箱检验记录表			编　号	***
设备名称		交换机产品主机	检查日期	××××年×月×日
规格型号		LS-S3100-48D-U8-56	总数量	15
装箱单号		107366564556	检验数量	15
检验记录	包装情况	包装完整良好，无损坏，标识明确		
	随机文件	出厂合格证15份，说明书15份，光盘15张		
	备件与附件	箱体连接用胶条、螺栓、螺母齐全		
	外观情况	外观良好，无损坏锈蚀现象		
	测试情况	状况良好		
检验结果	缺损附备件明细表				
	序号	名称	规格	单位	数量	备注

结论：

检查包装、随机文件齐全，外观及测试状况良好，符合设计及规范要求，同意验收。

签字栏	建设（监理）单位	施工单位	供应单位
		××科技有限公司	××科技有限公司

本表由施工单位填写并保存

表 6-7 综合布线系统安装分项工程质量验收记录表

综合布线系统安装分项工程质量验收记录表			
			编号：***
单位（子单位）工程名称	信息学院网络综合布线工程	子分部工程	综合布线系统
分项工程名称	系统安装质量检测	验收部位	3～5层
施工单位	××科技有限公司	项目经理	×××
施工执行标准名称及编号	《建筑电气工程施工质量验收规范》GB 50303—2015 《综合布线系统工程验收规范》GB/T 50312—2016		
分包单位	××科技有限公司	分包项目经理	
检测项目（一般项目） （执行 GB 50303—2015 中第 13.2.1～13.2.4 条的规定）		检查评定记录	备注
1	缆线的弯曲半径	符合要求	执行 GB/T 50312—2016 中第 6.1.1 条第 7 款规定
2	预埋槽盒和暗管的线缆敷设	符合要求	执行 GB/T 50312—2016 中第 6.1.2 条的规定
3	电缆、光缆暗管敷设及与其他管线最小净距	符合要求	执行 GB/T 50312—2016 中第 6.1.1 条第 8 款的规定
4	对绞电缆终接	符合要求	执行 GB/T 50312—2016 中第 7.0.2 条的规定
检测意见： 经检测，符合《建筑电气工程施工质量验收规范》GB 50303—2015 和《综合布线系统工程验收规范》GB/T 50312—2016 的规范验收要求			
监理工程师签字 （建设单位项目专业技术负责人）		检测机构负责人签字	
日期	××××年×月×日	日期	××××年×月×日

6.4 素养培育

有名年轻人去应聘一家知名企业，而该企业并没有刊登过招聘广告，见总经理疑惑不解，年轻人用不太娴熟的英语解释说自己是慕名而来，渴望在这里能有所作为。总经理感到很新鲜，破例让他试试。面试的结果是年轻人表现得很糟糕，他对总经理的解释是事先没有准备，总经理以为他不过是找个借口而已，就随口应道："等你准备好了再来试吧。"一周后，年轻人再次走进这家企业的大门，这次他依然没有成功。但比起第一次，他的表现要好得多。而总经理给他的回答仍然同上次一样："等你准备好了再来试。"就这样，这个青年先后五次踏进这家企业的大门，最终被公司录用，成为公司的重点培养对象。

启示：要勇于展示自己；敢于挑战更高的目标；愈挫愈勇，百折不挠才能获得成功；有追求的人就会有希望。

6.5 习题与思考

6.5.1 填空题

1. 按照文档产生和使用的范围，工程文档可以分成_____、_____和_____三类。

2．工程验收文档包含_____和_____。

6.5.2　思考题

1．投标文档通常由几个部分组成？
2．工程施工文档的编写应该注意哪些方面？
3．工程文档的管理有哪些内容？

模块 7　综合布线产品

学习目标

【知识目标】

- 了解综合布线产品和主要厂商。
- 熟悉综合布线产品的类型和特点。
- 掌握选购综合布线产品的原则与方法。

【能力目标】

- 通过了解厂商和产品,学会查询综合布线产品信息。
- 通过真实的综合布线工程,练习选购综合布线产品。

【竞赛目标】

对标赛项竞赛指南,能够熟悉赛项赞助商的产品性能和特点。

【素养目标】

提升自己的素质、修养及能力,才能得到社会的认可。

7.1　任务1　综合布线产品认知

7.1.1　任务引入

正确选用网络布线工具和产品,了解它们的特点和使用范围,是综合布线的关键。因为只有选择合适的产品和工具,才能保障工程的质量,满足工程的需求。以信息中心楼网络布线工程为例,该工程主要涉及以下几种产品与工具。

1)通信介质产品(包括双绞线和光纤)。
2)网线接口产品。
3)网络测试工具。

7.1.2　任务分析

信息中心楼网络布线工程的主要任务是选择线材产品和网线接口产品,这些产品涉及许多不同的公司，产品种类繁多，价格各不相同。就工程目标而言，要求选用的产品应具备较高品质，是知名品牌，生产企业具有良好的信誉和售后服务能力，同时价格相对较低。具体如何选用，还须学习相关知识。

7.2 知识链接——综合布线产品介绍

7.2.1 国内产品

近年来，国内相继成立了许多综合布线产品生产企业，这些企业紧跟国际先进技术，严格按照标准进行质量控制，初步形成了以较高品质、中低价位为特征的系列产品，在许多大中型综合布线工程招标中取得了令人瞩目的成绩。

1. 通信介质和网线接口产品

（1）山泽基业

深圳山泽基业科技有限公司是一家专业从事 IT 产品科研、开发、生产、销售的现代化企业，主要生产高品质多媒体数码线、网络工程智能工程线、光纤线、VGA 线、网络工具等。公司在深圳及北京设有研发和产业基地。公司的网络布线产品如图 7-1 所示。

6类千兆网线
快速传输 稳定上网

7类双屏蔽网线
镀金铜壳/万兆传输

超5类免打模块
无需打线工具 轻松压接

6类免打模块
连接稳固 反复打线

7类屏蔽免打模块
万兆传输 屏蔽干扰

全能型网线钳
超5/6/7/8类通用

6类24口配线架
纯锡镀金接口/可过福禄克

网线测试仪（黑色）
网络/电话线通用/可测屏蔽网线

皮线光纤跳线 多规格定制

皮线光缆 工程电信级

图 7-1 山泽基业的网络布线产品

(2)绿联科技

深圳市绿联科技股份有限公司是全球性科技消费电子品牌,致力于为用户提供全方位数码解决方案,产品涵盖传输类、音/视频类、充电类、移动周边类、存储类五大系列。累计拥有境内外专利 600 多项,获得德国红点设计大奖、德国 iF 产品设计奖等多项国际工业设计类大奖。公司网络布线产品如图 7-2 所示。

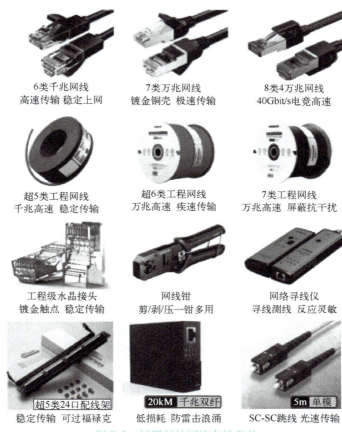

图 7-2　绿联科技网络布线产品

(3)南京普天(Postel)

南京普天通信股份有限公司是原国家对外经济贸易部批准的中外合资股份有限公司。公司按现代企业制度要求,在原国有独资邮电部南京通信设备厂资产和业务的基础上,经过股份制改造而设立。

南京普天通信股份有限公司紧跟世界高新技术,经过不断开发,形成了配线、网络、无线和电气四大产业格局。

1)双绞线产品。

① 6 类 4 对 FTP 线缆:电缆绝缘护套采用高密度聚乙烯,为提高线缆性能,4 对导线采用低密度聚乙烯十字芯架隔离。6 类 4 对 FTP 电缆如图 7-3 所示。

② 6 类 4 对 UTP 电缆:电缆绝缘护套采用高密度聚乙烯,为提高线缆性能,4 对导线采用低密度聚乙烯十字芯架隔离。6 类 4 对 UTP 电缆如图 7-4 所示。

2)插座模块。6 类 RJ-45 屏蔽插座模块是根据国际标准 TIA/EIA—568B.2-1 设计制造的性能优异的免工具 8 线插座模块，模块的电路板和簧片采用专利的平衡技术，使衰减、回损和近端、远端串扰方面的性能超过 6 类标准的要求，屏蔽性能符合相关屏蔽标准，传输带宽超过 250MHz。6 类 RJ-45 屏蔽插座模块如图 7-5 所示。

图 7-3　6 类 4 对 FTP 电缆

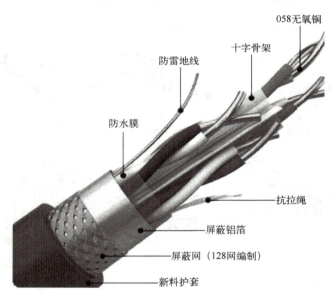

图 7-4　6 类 4 对 UTP 电缆

图 7-5　6 类 RJ-45 屏蔽插座模块

3）光纤产品。双芯室内光缆体积小，重量轻，弯曲半径小；富有韧性，高性能的紧套被覆能够保护光纤避免环境和机械应力的损害；适合用来制成带活接头的双芯跳线；适合楼宇内局域网或机舱内、仪表间仪器或通信设备的连接。双芯室内光缆如图7-6所示。

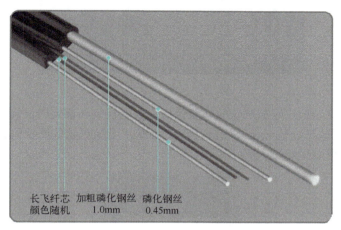

图7-6　双芯室内光缆

2. 网络测试工具

安恒集团主要从事计算机网络测试、维护和培训服务，在信息技术领域以"网络健康专家"而著称，是国内第一个网络维护与诊断专业公司。安恒集团的主要产品如下。

1）线缆测试仪：线缆测试仪可分为铜缆测试仪、光纤测试仪。线缆测试仪实现了布线系统的设计、安装、调试、验收、故障查找、系统维护以及文档备案等诸多方面的性能。线缆测试仪如图7-7所示。

2）网络测试仪：网络测试仪的应用范围非常广，是维护网络、管理网络所必需的设备。网络测试仪如图7-8所示。

图7-7　线缆测试仪

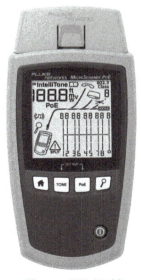

图7-8　网络测试仪

3）广域网测试仪：广域网测试仪可以完整地透视广域网链路，提供对广域网设备进行安装、分析、监测、测试和故障诊断的解决方案。广域网测试仪如图7-9所示。

图7-9　广域网测试仪

4）无线网测试仪：无线网测试仪的功能包括无线网规划与部署验证测试、无线网工程验收测试、无线网安全测试与评估、无线网网络性能测试、无线网设备性能测试与模拟测试（实验室级测试）。无线网测试仪如图7-10所示。

图7-10　无线网测试仪

7.2.2　国外产品

许多国际知名的综合布线产品生产厂商都是历史悠久的、跨行业的企业集团，它们不仅具有十分完善的用户市场分析预测、产品研发、品牌宣传投放和销售渠道的组织结构，更是具有一整套一条龙的产品质量跟踪和较好的技术支持。同时，这些企业还广泛参与国际合作，与一些国际组织和区域组织合作、制定、颁布并大力推广新的布线技术的国际及区域标准，为计算机技术、通信技术和布线技术的发展起到了重要作用。

1. 通信介质和网线接口产品

（1）瑞士泰科电子有限公司

泰科电子有限公司是世界上最大的无源电子组件制造商，并在先进的无线、光纤类和全功率系统产品及技术方面处于全球领先地位，同时还提供布线产品及整体系统。

美国安普公司是泰科电子有限公司的子公司，可为各种建筑物的布线系统提供完整的产品和服务。

（2）美国朗讯（Lucent）科技公司

朗讯科技公司是由原 AT&T 的网络系统部、商业通信系统部、用户产品部、微电子部、多媒体企业部、技术部及贝尔实验室组成。

朗讯公司推出的结构化布线系统可用于建筑物内或建筑群的网络传输，是较早引入我国的综合布线系统。

（3）美国 IBM 公司

IBM（International Business Machines Corporation，国际商业机器公司或万国商业机器公司）公司是全球最大的信息技术和业务解决方案公司，业务遍及 160 多个国家和地区。

IBM 公司的先进布线系统（ACS）于 1995 年进入我国，已在国内不少行业中使用。其产品适用于智能化建筑和智能化小区，能提供从低端系统（如非屏蔽的解决方案）到高端系统（如 6 类、7 类缆线和光纤解决方案）的系列产品；产品材质具有低烟、阻燃、无毒、安全可靠等优点；可以提供 RJ-45 接插件和支持多媒体高速率传输的产品；产品具有较好的适应性、可靠性和可扩展性。

（4）美国西蒙（Siemon）公司

西蒙公司是全球著名的通信布线领导厂商，拥有 300 多项技术专利和 8000 余种布线产品。自 1996 年进入中国以来，西蒙公司一直重视品牌价值的宣传和服务质量的承诺，在中国树立了良好的市场形象，在政府、通信、金融、电力、医疗和教育等各行各业赢得了众多大型工程，如铁道部 12 万点联网工程，财政部 5 万点信息化工程，"神舟"载人航天项目 3 万点工程等。

西蒙公司提供全套 10Gbit/s（万兆以太网）解决方案，拥有全系列增强 5 类/6 类/7 类、非屏蔽/屏蔽线缆、光纤（包括 MT-RJ/LC）及全套绿色环保布线系统，可支持大楼内所有弱电系统的信号传输，广泛应用于语音、数据、图形、图像、多媒体、安全监控、传感等各种信息传输。

西蒙公司是获得 ISO9001 质量认证及 ISO14001 环境管理体系认证的生产制造商。

2．网络测试工具

美国 Fluke 公司是世界电子测试工具生产、分销和服务的领导者。

Fluke 公司为局域网和广域网的安装、维护和故障诊断等提供了一整套解决方案，从最基本的电缆测试仪、便携式网络管理产品到网络高端测试仪，Fluke 公司的每一种测试仪在"网络健康"维护中都有其特定的角色，同时也适用于不同级别和能力的人员。

7.3 任务实施——查询布线产品信息

根据工程任务的需要，选购综合布线产品时，首先应充分了解相关产品的特点、功能和品牌，就信息学院网络综合布线工程而言，要想获得合适的产品，最简单的方法之一就是使用网络查询相关信息，下面是一些国内外著名布线产品品牌公司网站，读者可随时进行查询。

7.3.1 国内品牌公司网站

1）兰贝信息科技有限公司：https://linkbasic.com。

2）普天线缆集团有限公司：www.potel-group.com。
3）北京鼎志通业电子科技有限公司：http://dintek.com.cn。
4）长飞光纤光缆股份有限公司：https://www.yofc.com/。
5）深圳市绿联科技股份有限公司：https://www.lulian.cn/。
6）深圳山泽科技有限公司：http://www.samzhe.com/。

7.3.2 国外品牌公司网站

1）美国 Fluke 公司：http://www. fluke.com。
2）朗讯科技（中国）有限公司：http://www.lucent.b2bvip.com。
3）安普（AMP）公司：http://www.com.cn/chn-zh/solutions/quides/amp.html。
4）贝迪（Brady）公司：https://www.brady.com.cn。
5）丽特（IBDN）网络科技公司：http:// ibdn.com.cn。
6）史丹利·坚森（STANLEY·JENSEN）公司：http://www. STANLEY.com。
7）美国西蒙（SIEMON）公司：https://www.siemon.com。
8）IBM 公司：https://www.ibm.com。
9）3M 公司：https://www.3m.com。
10）奥创利（ORTRONICS）电子公司：http://www.ncsa-ortronics.cn。

7.4 任务 2 选购综合布线产品

7.4.1 任务引入

网络综合布线产品的优劣直接影响整个工程的质量，以及今后的使用和维护。因此，选购布线产品是非常重要的一项工作。就信息学院网络综合布线工程而言，主要选购任务是：

1）通信介质产品。
2）网线接口产品。
3）网络测试工具。

7.4.2 任务分析

综合布线产品是网络传输的纽带，很多网络故障不是网络设备有问题引起的，而是网线、水晶头或者插座模块质量低劣引起的。例如，出现网络不通或者网速慢多数是因为网线质量差引起的阻抗高、信号衰减大导致的。而在阴雨天气经常出现的断网现象，多数是水晶头或者网络模块金属接片质量差，出现霉变造成的。在选购布线产品时，要尽量做到选择同一家企业的同类产品，尽量使用品牌产品，尽量与国际标准接轨的产品，尽量购买高质量产品，具体如何选购在学习相关知识后再进行。

7.5 知识链接——综合布线产品选购

7.5.1 综合布线产品选购原则

根据工程的实际需求，并结合资金情况，通过查看现场和建筑平面图等资料，计算出线材的用量、信息插座的数目和机柜数量，做出各种产品的使用量报告。根据用量情况，再结合产品特性进行选型，选型应遵循如下原则。

1．产品选型必须与工程实际相结合

应根据智能化建筑和智能化小区的主体性质、所处位置、使用功能和客观环境等，从工程实际和用户需求出发选用合适产品，包括各种线缆和连接硬件。

2．产品选型应符合技术标准

选用的产品应符合我国国情和有关技术标准，包括国际标准、我国国家标准和行业标准。所用的国内外产品均应以我国国家标准或行业标准为依据进行检测和鉴定，未经鉴定合格的设备和器材不得在工程中使用。未经设计单位同意，不得以其他产品代替。

3．近期和远期相结合

在考虑近期信息业务和网络结构的需要的同时，应适当考虑今后信息业务种类和数量的增加，预留一定的发展空间。但在考虑近期与远期结合时，不应强求一步到位、贪大求全。要根据信息业务的特点和客观需要，结合工程实际，采取统筹兼顾、因时制宜、逐步到位、分期形成的原则。在具体实施中，还要考虑到综合布线产品尚在不断完善和提高，应注意科学技术的发展和符合当时的标准规定，不宜完全以厂商允诺的产品质量期限来决定是否选用。

4．技术先进和经济合理相统一

目前，我国已有符合国际标准的通信行业标准，对综合布线系统产品的技术性能应以系统指标来衡量。在进行产品选型时，所选设备和器材的技术性能指标一般要高于系统指标，这样在工程竣工后，才能保证满足系统技术性能指标。但选用产品的技术性能指标也不宜过高，否则将增加工程造价。

7.5.2 综合布线产品选购注意事项

网络布线系统的质量主要受三方面因素的影响：产品质量、工程的设计水平、施工工艺水平、这三方面是紧密联系、相互作用、相互制约的。产品质量是整个布线工程的基础，选购产品时应注意以下几个问题。

1．不要一味追求低价格

两个外观一模一样的超 5 类 RJ-45 模块，可能一个要 20 多元，而另一个却只要几块钱，检测方法是将两个模块分别接到同一根电缆的两端，然后用电缆测试仪按照超 5 类的国际标准测试，结果几块钱的产品大概率是不合格产品。

注意：数据传输对介质的电气性能要求非常高，它不像安装电话线路那样连通就可通信。所以选购产品时不要贪图便宜而选购劣质的产品。

2．不要盲目相信国外品牌

通过对数个国内外知名品牌进行产品对比测试，结果发现国内产品价廉物美。

3．使用前要进行抽测

国家标准明确规定，施工前要进行电缆电气性能测试。对于没有条件进行检测的用户，在选择供应商时最好找那些正规的、有厂商授权的公司，并通过严谨的合同条款保障自身权益。

7.5.3 选购双绞线产品

双绞线产品的质量是决定局域网带宽的关键因素之一，只有标准的超 5 类或 6 类双绞线才可能达到 100～1000Mbit/s 的传输速率，而品质低劣的双绞线是无法满足高速率传输需求的。

构建的网络对数据传输速率有较高的要求，如大型网络，最好从名牌产品的特约经销商或代理商购买，价格虽贵一些，但品质是有保证的。

目前，目前市场上较受欢迎的是 AMP（安普）公司的产品。在选购双绞线产品时应注意以下几点：

1．看

1）看包装箱质地和印刷，仔细查看线缆的箱体，包装是否完好。许多厂家还在产品外包装上贴上了防伪标志。

2）看外皮颜色及标识。双绞线绝缘皮上通常印有诸如厂家地址、执行标准、产品类别（如 CAT5E、C6T 等）、线长标识之类的字样。最常见的一种安普 5 类或者超 6 类双绞线塑料包皮颜色为深灰色，外皮发亮。

3）看扭绕密度。如果发现电缆中所有线对的扭绕密度相同，或线对的扭绕密度不符合技术要求，或线对的扭绕方向不符合要求，均可判定为伪品。

4）看导线颜色。与橙色线缠绕在一起的是白橙色相间的线，与绿色线缠绕在一起的是白绿色相间的线，与蓝色线缠绕在一起的是白蓝色相间的线，与棕色线缠绕在一起的则是白棕色相间的线。需要注意的是，这些颜色绝对不是后来用染料染上去的，而是使用相应的塑料制成的。

5）看阻燃情况。双绞线最外面的一层包皮除应具有很好的抗拉特性外，还应具有阻燃性。判断线缆是否阻燃，最简单的方法就是用火烧一下，不阻燃的线肯定不是真品。

2．闻

1）闻电缆。正品双绞线应当无任何异味，而劣质双绞线则有一种塑料味道。

2）闻气味。点燃双绞线的外皮，正品双绞线采用聚乙烯材料，应当基本无味；而劣质线采用聚氯乙烯材料，味道刺鼻。

3．问

1）问价格。真货的价格要贵一些，而假货的价格较便宜，一般是真货的价格一半左右。

2）问来历。问双绞线的来历，并要求查看进货凭证和单据。

3）问质保。正规厂家的双绞线都有相应的技术参数，都提供完善的质量保证。

4．试

1）试手感。真线外皮光滑，手感舒服，且手感饱满。
2）试弯曲。线缆应当可以随意弯曲，以方便布线。

7.5.4 选购光纤产品

1．光纤分类

光纤按照光在其纤芯中的传输模式可分为单模光纤和多模光纤。多模光纤的纤芯直径为 50μm 或 62.5μm，包层外径为 125μm，表示为 50/125μm 或 62.5/125μm。单模光纤的纤芯直径为 8.3μm，包层外径为 125μm，表示为 8.3/125μm。

光纤的工作波长有短波 850nm，长波 1310nm 和 1550nm。光纤损耗一般随波长增加而减小，850nm 的损耗一般为 2.5dB/km；1310nm 的损耗一般为 0.35dB/km，这是光纤的最低损耗，波长 1550nm 以上的损耗趋向增大，900～1300nm 和 1340～1520nm 范围内都有损耗高峰，这两个范围未能充分利用。

2．多模光纤

多模光纤（Multi-mode Fiber）的芯较粗（50μm 或 62.5μm），可传多种模式的光。多模光纤传输的距离比较近，一般只有几千米。表 7-1 为多模光纤带宽的比较。

表 7-1 多模光纤带宽的比较

光纤类型	最小模式带宽/MHz·km			
	全模式带宽（LED）		激光带宽（Laser）	
波长	850nm	1300nm	850nm	1300nm
OM1（62.5/125μm）	200	500	ffs	ffs
OM2（50/125μm）	500	500	ffs	ffs
OM3（50/125μm）	1500	500	2000	ffs

光纤系统在传输光信号时，离不开光收发器和光纤。因传统多模光纤只能支持万兆传输几十米，为配合万兆应用而采用的新型光收发器，ISO/IEC 11801 制定了新的多模光纤标准等级，即 OM，并于 2002 年 9 月正式颁布。OM3 光纤对 LED 和激光两种带宽模式都进行了优化，同时须经严格的 DMD 测试认证。采用新标准的光纤布线系统能够在多模方式下支持至少万兆传输 300m，而在单模方式下能够达到 10km 以上（1550nm 更可支持 40km 传输）。

美国康普公司的多模光缆传输指标见表 7-2。

表 7-2 多模光缆传输指标

解决方案	类型	千兆传输/m	万兆传输/m
OptiSPEED	OM1	275	32
LazrSPEED 150	OM2	800	150
LazrSPEED 300	OM3	1000	300
LazrSPEED 550	OM3+	1100	550

对比标准可知，康普公司提供的光缆传输指标远远超出标准中定义的指标。选择多模光缆时，应从以下几点进行考虑。

（1）发展趋势

从未来的发展趋势来讲，水平布线网络速率需要达到 1Gbit/s，大楼主干网速率需要升级到 10Gbit/s，园区骨干网速率需要升级到 10Gbit/s 或 100Gbit/s。

目前，网络应用正在以每年 50%左右的速度增长。预计未来 5 年，千兆到桌面将变得和目前百兆到桌面一样普遍，因此在系统规划上要具有一定前瞻性，水平部分应考虑 6 类布线，主干部分应考虑万兆多模光缆，特别是现在 6 类线缆加万兆多模光缆和超 5 类铜缆加千兆多模光缆在造价上只有 10%~20%的差别，从长期应用的角度，如果造价允许，应考虑采用 6 类线缆加万兆光缆。

（2）投资考虑

从投资角度考虑，在至少 10 年内不会用到 10Gbit/s 的传输速率，可选用 OptiSPEED（普通多模）。

由于 OM3 光缆使用低价的 VCSEL 和 850nm 光源设备，使万兆传输造价大大降低。如果距离不超过 150m，可选 LazrSPEED 150（OM2 支持万兆 150m）；LazrSPEED 300 是 300m 万兆传输最好的选择；LazrSPEED 550 是 550m 万兆传输最好的选择；对于超过 550m 的万兆传输要求，应该选择 TeraSPEED，即单模光缆系统。

3．单模光纤

单模光纤（Single-mode Fiber）的纤芯很细（芯径一般为 9μm 或 10μm），只能传一种模式的光。因此，其模间色散很小，适用于远程通信。由于还存在材料色散和波导色散，单模光纤对光源的谱宽和稳定性有较高的要求，即谱宽要窄，稳定性要好。

人们发现在 1310nm 波长处，单模光纤的总色散为零。从光纤的损耗特性来看，1310nm 波长区正好是光纤的一个低损耗窗口。这样，1310nm 波长区就成了光纤通信的一个很理想的工作窗口，也是现在实用光纤通信系统的主要工作波段。1310nm 常规单模光纤的主要参数是由国际电信联盟在 G652 建议中确定的，因此这种光纤又称 G652 光纤。

由于光纤制造损耗是在制造光纤的工艺过程中产生的，主要由光纤中不纯成分的吸收（杂质吸收）和光纤的结构缺陷引起。杂质吸收两个峰分别位于 950nm、1240nm 和 1390nm，对光纤通信系统影响较大，这两个范围未能充分利用。

对于单模光缆的选型，建议如下。

1）从传输距离的角度，如果希望今后支持万兆传输，且距离较远，应考虑采用单模光缆。表 7-3 为光纤应用传输距离参照表。

2）从造价的角度，零水峰单模光缆提供比传统单模光缆更大的带宽，而造价上又相差不多，应该采用零水峰单模光缆。事实上，美国康普公司目前已经不提供普通单模光缆，只提供零水峰单模光缆产品。

表 7-3　光纤应用传输距离参照

传输速率	传输距离	网络标准	光纤	光源	波长/nm
100Mbit/s	2000m	100BASE-FX	MMF（多模）	LED	1300
1000Mbit/s	300m	1000BASE-SX	MMF（多模）	VCSEL	850
1000Mbit/s	550m	1000BASE-LX*	MMF（多模）	Laser	1300

(续)

传输速率	传输距离	网络标准	光纤	光源	波长/nm
1000Mbit/s	2000m	1000BASE-LX	SMF（单模）	Laser	1310
10Gbit/s	300m	10GBASE-S	OM3（多模）	VCSEL	850
10Gbit/s	300m	10GBASE-LX4	OM1（多模）	Laser	1310
10Gbit/s	2～10km	10GBASE-L	OS1（单模）	Laser	1310
10Gbit/s	40km	10GBASE-E	OS1（单模）	Laser	1550

4．鉴别光缆质量优劣的简单方法

（1）外皮

室内光缆一般采用聚氯乙烯或阻燃聚氯乙烯外皮，外表应光滑，具柔韧性，易剥离。质量不好的光缆外皮光洁度不好，易和里面的紧套、芳纶粘连。

室外光缆的 PE 护套应采用优质黑色聚乙烯材料，成缆后外皮平整、光亮、厚薄均匀、没有小气泡。劣质光缆的外皮一般用回收材料生产，这样可以节约不少成本，这样的光缆表皮不光滑，因原料内有很多杂质，做出来的光缆外皮有很多极细小坑洼，时间长了就开裂、进水。

（2）光纤

正规光缆生产企业一般采用大厂的 A 级纤芯，一些低价劣质光缆通常使用 C 级、D 级纤芯。

这些纤芯因来源复杂，出厂时间较长，往往已经发潮变色，且多模光纤里还经常混着单模光纤，而小厂一般缺乏必要的检测设备，不能对光纤的质量作出判断。因肉眼无法辨别这样的光纤，施工中常碰到带宽很窄、传输距离短，粗细不均匀、不能和尾纤对接，光纤缺乏柔韧性、盘纤的时候一弯就断的问题。

（3）加强钢丝

正规生产厂家的室外光缆的钢丝是经过磷化处理的，表面呈灰色，这样的钢丝成缆后不增加氢损，不生锈，强度高。劣质光缆一般用细铁丝或铝丝代替，其外表呈白色，捏在手上可以随意弯曲，容易生锈断裂。

（4）钢铠

正规生产企业采用双面喷涂防锈涂料的纵包扎纹钢带，劣质光缆采用的是普通铁皮，通常只有一面做过防锈处理。

（5）松套管

光缆中装光纤的松套管应该采用 PBT 材料，这样的套管强度高，不变形，抗老化。劣质光缆一般采用 PVC 套管，这样的套管管壁很薄，用手一捏就扁，类似喝饮料的吸管。

（6）纤膏

室外光缆内的纤膏可以防止光纤氧化、光纤因水汽进入发潮等问题。劣质光缆中用的纤膏很少，严重影响光纤的寿命。

（7）芳纶

芳纶又名凯弗拉，是一种高强度的化学纤维，目前在军工行业用得多，军用头盔、防弹背心就是这种材料生产的。目前世界上只有美国杜邦公司和荷兰的阿克苏·诺贝尔公司能生产这种材料。室内光缆和电力架空光缆都用芳纶纱做加强件，因芳纶成本较高，劣质室内光缆一般把外径做得很细，这样可以少用几股芳纶来节约成本。这样的光缆在穿管的时候很容易被拉断。电力架空光缆因为是根据跨距、每秒风速来确定光缆中芳纶的使用量的，因此一般正规厂家不敢偷工减料。

7.5.5 选购无线局域网产品

随着现代技术的飞速发展，许多单位都在建设使用无线局域网（Wireless LAN，WLAN），因此有必要了解无线局域网产品的选择。

目前看来，基于 802.11b 协议的产品已成应用主流，这些产品都使用 2.4GHz 频段，能够在短距离内实现大约 11Mbit/s 的接入速率，每个接入点可以同时支持数十个用户的接入。

不同等级的 802.11b 产品之间也有很大差别，主要表现在：是否有自动配置功能，以什么样的方式支持漫游。

自动配置功能对于需要安装很多访问点的企业来说很重要。对于只有很少几个访问点的企业，一次性配置并不是一项劳动量很大的工作，不值得为了自动配置功能去支付很高的差价。但是，假如需要用成百上千个访问点覆盖某个大型机构，针对每个接入点进行配置和维护就成了几乎不可能完成的任务，此时就必须采用有自动配置功能的设备。

对于大部分公司提供的 802.11b 设备，要想在不同接入点之间获得漫游功能，必须保证这些接入点连接在同一子网上。假如用户想获得更大的灵活性，就要选择一个支持移动 IP 客户端软件的产品，并且在网络服务器上运行移动 IP 服务器软件，许多接入点产品已开始支持移动 IP 服务器软件。

就像多数网络技术一样，使用 WLAN 可以得到许多好处，但也使一些问题显得更加突出，如安全问题。

在 WLAN 中，由于不再针对每个端口设置一条专门的线作为通道，非法数据包在接入现有无线治理区之前很难被中途拦截。一般的 WLAN 产品多采用认证码的形式进行安全保护，每块网卡在安装时要设一个固定的号码，以确认它将用在哪个局域网中。这种方法在企业内部应用是可以的，但用于防范恶意入侵有些不够。许多实力雄厚的厂家生产的产品能提供更多的安全措施，这也是产品等级高低的标志之一。因此，在建立 WLAN 之前，确定产品采用了哪些安全措施也是非常重要的。

7.5.6 选择综合布线施工商

同选择布线产品一样，用户要选择自己满意的集成商或安装商。综合布线施工单位必须有信息产业部或住房和乡村建设部颁发的资质证书，用户在选择集成商或安装商时最好选择有资质的单位进行施工。但由于拥有这些资质的单位数量有限，因此市场上租用资质的现象较为普遍，而且又存在工程分包现象，因此要找到真正的"正规军"是一件不容易的事情。

在选择施工商时应注意以下两个方面。

1）确认同自己签订合同的公司实体是合法的、有资质的。

2）在合同中规定严格的验收条款，以使自己的利益得到最大限度的保障。

7.6 任务实施——综合布线产品选购

通过信息学院网络综合布线系统工程任务分析，依据综合布线产品的厂商选择、选购原则和方法，确定综合布线产品如下。

7.6.1 通信介质及网线接口产品

通信介质和网线接口产品：选用安普（AMP）公司的产品。在目前市场上的各种品牌中，安普（AMP）公司产品是比较物美价廉的。

7.6.2 网络测试工具产品

选用 Fluke 公司增值代理商安恒公司的产品。Fluke 公司的产品坚固可靠、应用广泛、便携易用，而且价格合理。

7.7 素养培育

有一个自认为是全才的年轻人，毕业以后求职屡次碰壁，一直找不到理想的工作，他觉得自己怀才不遇，对社会感到非常失望，他感到没有伯乐来赏识他这匹"千里马"。

有一天，他来到大海边，伤心欲绝，悲痛哭嚎。恰在此时，正好有一位老人从附近走过看见了他，老人问他为什么如此悲伤，他说自己得不到别人和社会的承认，没有人欣赏并且重用……

老人从脚下的沙滩上捡起一粒沙子，让年轻人看了看，然后就随便地扔在了地上，对年轻人说："请你把我刚才扔在地上的那粒沙子捡起来。""这根本不可能！"年轻人说。老人没有说话，从自己的口袋里掏出一颗晶莹剔透的珍珠，也是随便地扔在了地上，然后对年轻人说："你能不能把这颗珍珠捡起来呢？""当然可以！""那你就应该明白是为什么了吧?你应该知道，现在的你还不是一颗珍珠，所以你不能苛求别人立即承认你。如果要别人承认，那你就要想办法使自己成为一颗珍珠才行。"年轻人蹙眉低首，一时无语。

有的时候，必须知道自己是普通的沙粒，而不是价值连城的珍珠。要卓尔不群，就要有资本才行。所以忍受不了打击和挫折，承受不住忽视和平淡，就很难达到辉煌。若要自己卓然出众，那就要努力使自己成为一颗珍珠。

朋友，无论你现在如何，请先试着把自己变成一颗珍珠吧。

启示：只有提升自己的素质、修养及能力，才能得到社会的认可。

7.8 习题与思考

7.8.1 填空题

1. 综合布线产品选购原则是_____、_____、_____、_____。
2. 选购双绞线产品应注意_____、_____、_____、_____等事项。

7.8.2 思考题

1. 综合布线产品的类别有哪些？
2. 综合布线系统产品厂商有哪些？
3. 如何进行综合布线产品的市场调研？

参 考 文 献

[1] 余明辉. 综合布线技术与工程[M]. 3版. 北京：高等教育出版社，2021.
[2] 禹禄君，张治元，金富秋. 综合布线技术项目教程[M]. 3版. 北京：人民邮电出版社，2016.
[3] 林梦圆. 网络与综合布线系统工程技术[M]. 北京：北京邮电大学出版社，2014.
[4] 岳经伟. 网络综合布线技术[M]. 2版. 北京：中国水利水电出版社，2010.
[5] 雷可培，刘东霖，伦洪山. 综合布线[M]. 北京：电子工业出版社，2018.
[6] 余明辉，尹岗. 综合布线系统的设计、施工、测试、验收与维护[M]. 北京：人民邮电出版社，2010.
[7] 颜正恕. 网络综合布线项目教程[M]. 北京：清华大学出版社，2016.
[8] 杜思深. 综合布线[M]. 北京：清华大学出版社，2021.